JN301703

絵ときでわかる
自動制御

髙橋 寬[監修]／大島輝夫・山崎靖夫[共著]

Ohmsha

本書を発行するにあたって，内容に誤りのないようできる限りの注意を払いましたが，本書の内容を適用した結果生じたこと，また，適用できなかった結果について，著者，出版社とも一切の責任を負いませんのでご了承ください．

本書は，「著作権法」によって，著作権等の権利が保護されている著作物です．本書の複製権・翻訳権・上映権・譲渡権・公衆送信権（送信可能化権を含む）は著作権者が保有しています．本書の全部または一部につき，無断で転載，複写複製，電子的装置への入力等をされると，著作権等の権利侵害となる場合があります．また，代行業者等の第三者によるスキャンやデジタル化は，たとえ個人や家庭内での利用であっても著作権法上認められておりませんので，ご注意ください．

本書の無断複写は，著作権法上の制限事項を除き，禁じられています．本書の複写複製を希望される場合は，そのつど事前に下記へ連絡して許諾を得てください．

出版者著作権管理機構
（電話 03-5244-5088，FAX 03-5244-5089，e-mail：info@jcopy.or.jp）

JCOPY ＜出版者著作権管理機構 委託出版物＞

監修のことば

　子供のころラジオを組み立てることが好きでした．必要な部品を買ってきて結線図のとおりに配線し，いよいよ電源スイッチを ON にします．当時使われていたのは真空管ですから，回路が動作するまでにかなりの時間がかかりますが，スピーカから初めて音が出たときの興奮はいまだに忘れることができません．しかし，最近では回路部品が IC 化されているので，自分の作ったものでありながらその中はどうなっているのかわからないまま，とにかく回路は動作するという経験しかできないことが多くなっています．

　このようなときに，電気回路やトランジスタ・IC の原理を勉強し，電気・電子工学を応用したいろいろな回路やシステムにこれから接する若い人たちや，この分野の知識を必要とされる読者にやさしく手ほどきをするのが「絵ときでわかる」シリーズです．

　わたしは，大学に勤めてから今日まで，難しいことはやさしく説明するということに心がけてきました．その目的が達せられたかどうかは別として，本シリーズの前身である「絵とき」シリーズは，そのようなわたしの考えにも合った企画として関心を持ち，あるところではテキストとして採用したこともありました．今回，「絵ときでわかる」シリーズとして再編成するにあたって，監修をお引き受けしたのも，わたしの心の中にこのような動機があったからです．

　このシリーズの中で執筆を担当された先生方の中には，わたしよりも長い経験をお持ちの方もあり，またすべての先生方が教育に対する強い情熱を持っておられますので，拝見させていただいた原稿からわたし自身教えられることが多くありました．監修という作業

の中では，このような先生方の創意とご努力に水を差すことがないように心がけながら，必要なところではわたしの率直な意見を申し上げ，ご意見を伺いながら手を入れるということを繰り返してきましたが，その結果がこのような形にまとまりました．やさしくしながらも間違ったことは書かないよう気を付けましたが，内容に少しでも不備があればご指摘いただき，このシリーズをよりよいものにしていきたいと思います．

　終わりに，お忙しい中を原稿のご執筆に時間を割いていただいた先生方，ならびにこのシリーズを企画し，推進する原動力となって仕事を進めてこられたオーム社の方々に敬意を表し，心からお礼申し上げます．

　　2000年5月

髙　橋　　寬

はしがき

　近時，二足歩行ロボットが登場し，何らの補助もなく自ら平衡を保って走ったり，階段を上ったり，あるいは踊ったりする様子がテレビや展示会場などで紹介されている．このようなロボットは，人間の動作をつぶさに研究することによってなされたものである．

　例えば，人間が机上の物体をとり上げる動作をする場合をごく単純に考えると，まず視覚によって机上の物体を確認し，物体までのおおよその距離を判定して腕を伸ばすとともに，伸ばした腕の感覚を得ながら視覚で物体までの位置を補正し，手を添えて物体を握る．次いで物体を握り締める圧力が適切かどうかを感触によって確かめながら，適切な圧力になったとき物体をとり上げている．

　人間が行うこれら一連の動作は，とくに意識することなく行われているものの，ロボットなどの機械に同様な作業を行わせる場合，人間の感覚器に相当するセンサ部，頭脳に相当する制御部および手足に相当するアクチュエータ部が少なくとも必要である．そしてこれらがどのような操作をすればよいのかを列挙すれば，次のようになる．

① センサ部が物体までの距離を計測する（**目標値**）
② 物体までのアクチュエータの操作量を求める（**制御量**）
③ アクチュエータを操作し，目標値と制御量の差（**偏差**）を求める．
④ 偏差があれば，その偏差をなくす操作量を求めアクチュエータを適切に操作する．

　つまりこのような一連の作業は，常にその制御量を

検出しながら所望の作業量（目標値）かどうかを比較し，偏差が0になるように操作量を規制するフィードバック制御によってなされているのである．

この種のフィードバック制御は，こたつの温度制御や浴槽の湯張り制御など身近な装置に適用されているほか，発電機の自動電圧調整装置（AVR）や工場のプラント制御など多種多様に適用され，もはやフィードバック制御なしには，我々の社会生活が成り立たないといえるほど深く浸透している．

一方，フィードバック制御に代表される自動制御理論は，数学的色彩が強く，初学者にはいきおい敷居が高く感じられるのが事実である．そこで本書は，まず自動制御理論で用いられるラプラス変換についてやさしく解説して学習の下地を作り，伝達関数，周波数応答，安定判別，特性評価と改善手法，自動制御が適用される装置およびプロセス制御について，章ごとにまとめたものである．また本書は，初めて自動制御理論を学ぶ方が十分理解でき，わかりやすいと好評な「絵ときでわかる」シリーズの特長を生かしながら，視覚的な理解が得られるように図を豊富にとり入れるとともに，理解を確かめながら学習できるように章ごとに例題や演習問題をふんだんに盛り込んだ構成とした．

このため本書は，次のような目的での利用に最適である．

（1）自動制御理論を初めて学ぶとき
（2）工業高校，専門学校，高専または大学での副読本として
（3）自動制御理論を独学で学ぶとき
（4）電験，エネルギー管理士，技術士の受験参考

書として
（5）専門外ではあるが自動制御理論の知識を必要
　　　とするとき
　なお，1章，7章は大島が，その他は山崎が担当した．また本書の執筆にあたり髙橋　寛先生には多大なご指導を頂戴した．深く感謝申し上げるとともに，編集および校正でお世話をいただいたオーム社出版部の方々の労に対し，心からお礼申し上げる．

　2007年2月

著 者 し る す

目 次

1章 制御の基礎

1 制御とは ……………………………………… 2
制御の意味／制御の生い立ち／
古典制御と現代制御

2 シーケンス制御とフィードバック制御 ……… 5
シーケンス制御とは／フィードバック制御とは

3 フィードバック制御系の基本的構成 ………12
フィードバック制御系の基本的構成／フィードバック制御系の構成要素／フィードバック制御系の信号／簡単なフィードバック制御系の構成

4 フィードバック制御系の基礎用語 …………17
フィードバック制御系の基礎用語

5 フィードバック制御系の分類 ………………20
目標値の時間的性質による分類／制御量の種類による分類／操作エネルギーによる分類

6 ラプラス変換の基礎 …………………………24
ラプラス変換とは（意義を知る）／ラプラス変換の定義／ラプラス変換の表し方／ラプラス逆変換とは／ラプラス変換で簡単な電気回路の過渡現象を解く／ラプラス変換の基本的な定理／ラプラス変換と伝達関数

1章のまとめ ……………………………………38

2章 伝達関数とブロック線図

1 伝達関数の定義 ……………………………… 42
2 基本的伝達要素と伝達関数 ………………… 44
比例要素／積分要素／微分要素／一次遅れ要素／二次遅れ要素
3 ブロック線図と等価変換 …………………… 52
ブロック線図／ブロック線図の等価変換
4 フィードバック制御系の構成 ……………… 58

2章のまとめ ……………………………………… 62

3章 周波数応答

1 周波数応答とは ……………………………… 64
周波数伝達関数／周波数伝達関数の求め方
2 ベクトル軌跡 ………………………………… 68
3 ボード線図 …………………………………… 72
周波数応答／いろいろな制御要素のボード線図
4 周波数応答と過渡応答 ……………………… 84
単位インパルス信号／単位ステップ信号／ランプ信号／単位インパルス応答／単位ステップ信号

3章のまとめ ……………………………………… 93

4章 安定判別法

1 制御系における安定の定義 ………………… 96
制御系における安定とは／制御系の挙動／ゲイン余裕と位相余裕

x 目次

2 特性方程式を用いた安定判別法 101
  特性方程式／特性方程式による安定判別法

3 ナイキストの安定判別法 105
  ナイキストの安定判別法とは／ナイキストの安定判定法を用いた判定例

4 ラウスの安定判別法 111
  ラウスの安定判別法とは

5 フルビッツの安定判別法 114

4章のまとめ 119

5章 制御系の特性評価と改善手法

1 時間領域における評価 122
  ステップ応答／一次遅れ系のステップ応答／二次遅れ系のステップ応答

2 周波数領域における評価 128
  バンド幅と制御系の応答性／共振値と共振周波数

3 制御系の定常特性 133
  制御系の形と定常特性／定常偏差／制御系の形と定常偏差の関係

4 特性補償法 138
  特性補償と種類／位相進み補償／位相遅れ補償

5章のまとめ 148

6章 自動制御が適用される装置

1 電気こたつのオン・オフ制御 150

2 サーボ機構 153
  直流発電機の電圧制御

6 章のまとめ ……………………………………… 158

7章 プロセス制御

1 プロセス制御の概念 ……………………… 160
プロセス制御とは／プロセス制御系の特徴／プロセス制御系の例／プロセス制御系の外乱対策（フィードフォワード制御の概要）／フィードフォワード制御のポイント

2 プロセス制御用機器 ……………………… 165
プロセス制御の検出部に用いられる機器／プロセス制御に用いられる調節計／プロセス制御の操作部に用いられる機器

3 調節計の制御動作 ………………………… 170
P 動作（比例動作）／ I 動作（積分動作）／ D 動作（微分動作）

4 調節計のパラメータ調節 ………………… 175
ジーグラー・ニコルスの方法（制御対象の特性値を利用する方法）／ジーグラー・ニコルスの限界感度法／チェイン・レスウィックの方法（過度応答に着目する方法）／ PID パラメータ調整のチューニング

7 章のまとめ ……………………………………… 181

解　答 …………………………………………… 183

索　引 …………………………………………… 191

1章 制御の基礎

　今日の制御システムというと，私たちの身近にはマイコン（マイクロコンピュータ）なるものが多く用いられている．例えば家庭内では，エアコンや洗濯機などはその代表的な例といってよいであろう．また，生産現場ではすべての機械装置といっても過言ではないと思われるほどマイコンが組み込まれ，自動制御されながら「ものづくり」が行われている現状にある．

　この章では，産業分野において多用される自動制御について，シーケンス制御とフィードバック制御の違いなどを通して，特にフィードバック制御系を中心とした工学的な考え方について学習する．

1 制御とは

1 制御の意味

　広辞苑で「**制御**」という言葉を引くと,「①相手が自由勝手にするのをおさえて自分の思うように支配すること．統御．②機械や設備が目的どおり作動するように操作すること．」とある．また，JIS による制御の定義では，「ある目的に適合するように，対象となっているものに所要の操作を加えること」とある．これらを図に表すと，**図 1** のようになるのであろうか．

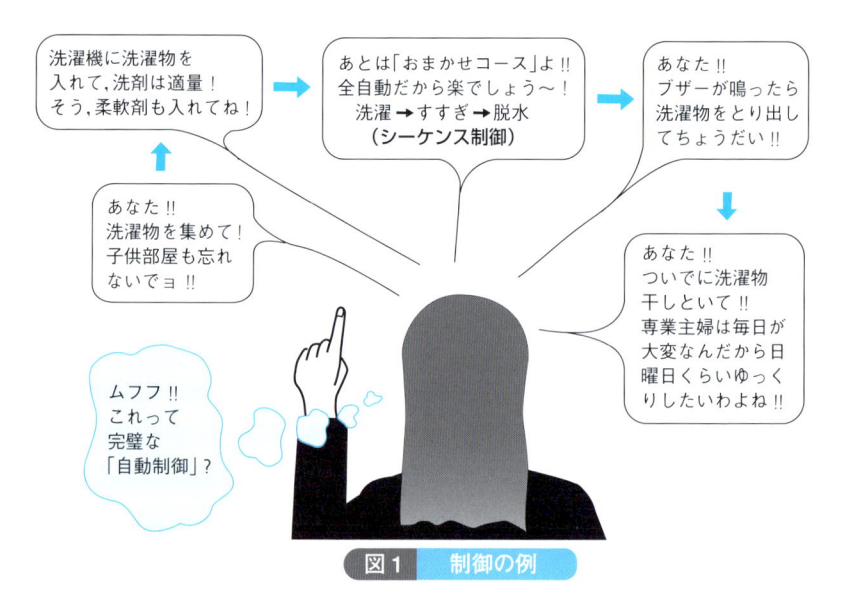

図 1　制御の例

　図 1 は本書で解説する「自動制御」とは少しかけ離れているが，奥様は JIS の定義によるところの「ある目的に適合」するように，ご主人に所要の操作を加えた（命令した）のである．つまり，制御したい対象に働きかけ，思いどおりにすることを制御するというが，奥様はまさにご主人を制御したのである．
　また，ご主人は文明の利器といえる「全自動洗濯機」の，おまかせコースの

スイッチを入れたわけであるが，最近の洗濯機は，さらに乾燥までしてくれる優れものまで出てきており，洗濯→すすぎ→脱水→乾燥という一連の操作を自動的に行ってくれる．この一連の順序に従った制御を「**シーケンス制御**」といい，エアコンのように，常に設定温度（目標値）に近づくように自動的に制御を行うものを「**フィードバック制御**」という．**自動制御**は，このシーケンス制御とフィードバック制御の2種類に大別することができる．

制御について本書では，「あらかじめ設定された使命を果たすように対象に所要の操作を加え，その状態や動作を思いどおりに変化させること」とまとめる．

2 制御の生い立ち

「地球上のすべてを思いのままにしたい」ということを人間が考えることで，紀元前より人間はさまざまな「ものづくり」を行い，制御することを実践してきた．最も古い「制御システム」は，紀元前3世紀に作られた，アレクサンドリアのクテシビオスの水時計だといわれている．

私たちが今日活用している「制御理論」なるものを持ち出したのは，蒸気機関で有名なワットといわれている．蒸気機関にガバナをとり付けるという偉大なる発明は，多大な産業革命を地球上にもたらしたといえる．この蒸気機関のパワーは，当時人間が利用していたほかのパワーと比較して考えられないパワーであったことから，この蒸気のパワーを仕事に必要な量だけ，安全かつ合理的にとり出す制御システムが必要となり，数学的表現を用いた制御理論（フィードバック制御の基礎）が形作られたといわれている．

現在に至っては，コンピュータの発達により，私たちの生活空間にあるすべてといっても過言ではないほど，玩具から精密機械に至るまで自動制御がとり入れられており，「自動制御」なしでは，もはや人間は生きていくことさえできなくなっているのかもしれない．

3 古典制御と現代制御

動作原理に違いはないのだが，フィードバック制御に対して，「古典制御」と「現代制御」という言葉が使われることがある．何が異なるのかというと，制御系設計のために用いられる手段が異なるのである．

1章 制御の基礎

古典制御とは，2章で述べるブロック線図を中心に，制御系の動作やその安定性を「図形的」に理解しようとするものであり，直感的にわかりやすく，システムの動作を表現しやすいが，基本的に一つの入力に対して一つの出力を扱うものである．一方，**現代制御**は，システムの状態を微分方程式で表し，安定性などを解析式で扱うものであり，多入力－多出力の複雑なシステム（人間型ロボットの歩行制御など）を扱うことが可能となる．

ロボットの行方

現在のロボットは，溶接や自動搬送ロボットなどの産業用から玩具ロボットまで，日常生活に広く活躍している．「ロボット」という言葉は，チェコの劇作家 K.チャペックの戯曲に初めて用いられ，彼は人間とそっくりの身体を持っているが感情を持たない人造人間のことをロボットと命名したそうである．

以来，人間は我々の生活の支援を念頭に人工知能を持つロボットの開発にしのぎを削るようになった．2000年に HONDA から ASIMO が発表されたが，近い将来には我々の手足からさらに友となるであろう感情を持つロボットも出現するのではなかろうか．

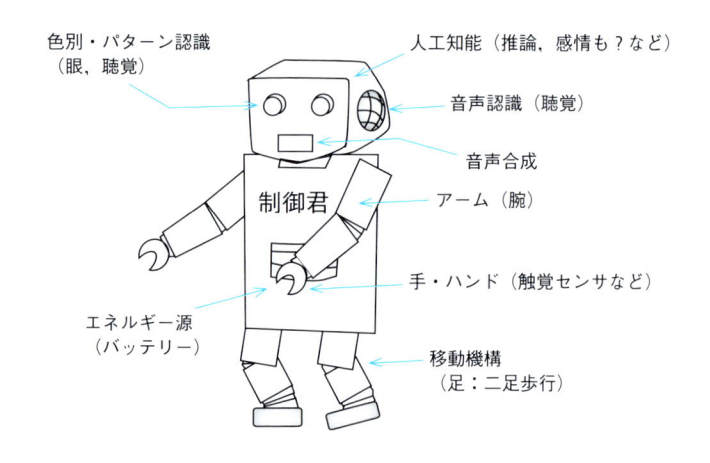

- 色別・パターン認識（眼，聴覚）
- 人工知能（推論，感情も？など）
- 音声認識（聴覚）
- 音声合成
- 制御君
- アーム（腕）
- 手・ハンド（触覚センサなど）
- エネルギー源（バッテリー）
- 移動機構（足：二足歩行）

2 シーケンス制御とフィードバック制御

1 シーケンス制御とは

　JISによれば，**シーケンス制御**とは「あらかじめ定められた順序に従って，制御の各段階を遂次進めていく制御」と定義されている．このシーケンス制御を行う機器は多数存在し，各種産業機器をはじめとして身近な生活機器にまで採用されている．

　ここでは，前節でとり上げた全自動洗濯機を例にとって，シーケンス制御とはどのようなものなのかを見てみる．

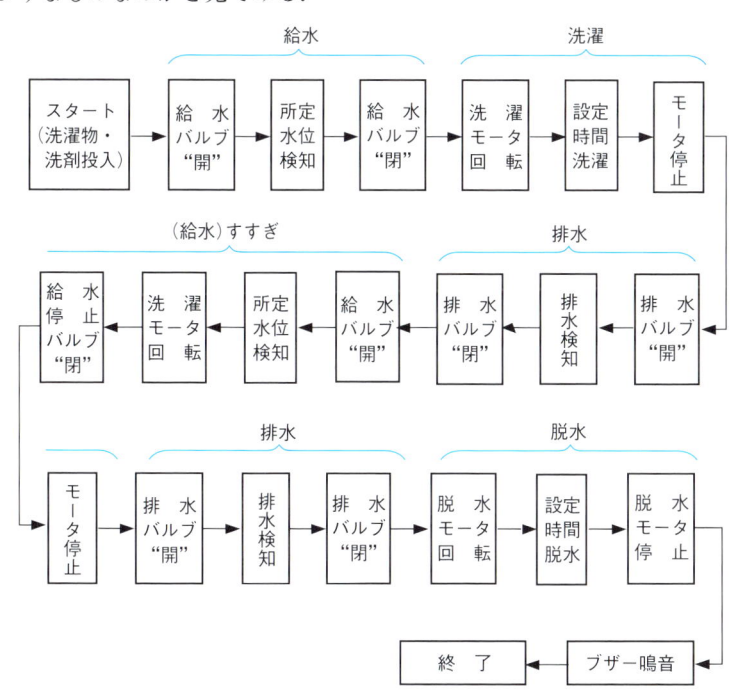

```
給水：スタート(洗濯物・洗剤投入) → 給水バルブ"開" → 所定水位検知 → 給水バルブ"閉"
洗濯：→ 洗濯モータ回転 → 設定時間洗濯 → モータ停止
(給水)すすぎ：→ 給水バルブ"開" → 所定水位検知 → 洗濯モータ回転 → 給水停止バルブ"閉"
排水：→ 排水バルブ"開" → 排水検知 → 排水バルブ"閉"
排水：→ モータ停止 → 排水バルブ"開" → 排水検知 → 排水バルブ"閉"
脱水：→ 脱水モータ回転 → 設定時間脱水 → 脱水モータ停止 → ブザー鳴音 → 終了
```

※ 最近は水資源を大切にするため，さらに順序が複雑化している

図1　全自動洗濯機のシーケンス制御の例

1章 制御の基礎

　最近の全自動洗濯機は，電源を入れておまかせボタンのようなものを一度押せば，図1のようにあらかじめ定められた順序に従って，洗濯の処理が自動的に進行していく．

　シーケンス制御は制御の中でもわかりやすく，「手順の制御」である．つまり，前節の「ある目的に適合」するように，何をどのように操作するのかを時間の間隔とともに定めておき，それを正確に実行させればよいのである．

　ただし，毎日同じおまかせボタンによるコースばかりではなく，洗濯物の汚れの度合いによって手順を変更（コース設定を変更）する必要がある．汚れが残っていては目的の達成とはいえない．つまりシーケンス制御では，最後に目的に適合したか「完了確認」をすることが大切であることを意味している．特に産業分野では，すべての操作が設定したとおりに正しく行われ，目的の製品が顧客の要求どおりに正確に仕上がったかどうかを確認した時点で，はじめて制御が終了となるのである．

　シーケンス制御は，あらかじめ決められた手順の繰返しである場合が多く，これらを「自動制御」するため，さまざまな機構（メカニズム）が生み出されている．

　シーケンス制御の最たるものは，図2に示すような「からくり人形」であると思っているのは私だけであろうか．中でも茶運人形は，人形が手にしている茶卓に茶碗を乗せると自動的に発進して，客が目の前に来た人形の茶碗をとるとその場で停止し，茶碗を戻すとクルリと向きを変えて元の所へ戻って行くもので，まさにこのシーケンス制御には，制御のロマンさえ感じる．

図2　からくり人形

シーケンス制御の動作に着目すると，図1のようにバルブの「開・閉」，モータの「回転・停止」など，二つの状態のうち一方を選択する制御の実行である．つまりシーケンス制御というものは，あらかじめ定められた順序または条件に従って，不連続的（2値変化）動作を行い，ある定性的な変化を遂次的に作り出す制御といえる．

近年の産業分野の用途においては，シーケンスコントローラ（プログラマブルシーケンサともいう）と呼ばれるマイコン内蔵の装置が出現してからというもの，機構（メカニズム）による自動制御は減少傾向となってきた．

2 フィードバック制御とは

シーケンス制御と対比される制御手段として，図3に示す「フィードバック制御」があげられる．**フィードバック制御**とは，制御対象の状態を検出部で検出し，この値を目標値と比較して偏差（ずれのこと）があれば，これを補正して一致させるような訂正動作を連続的に行う制御方式のことをいう．

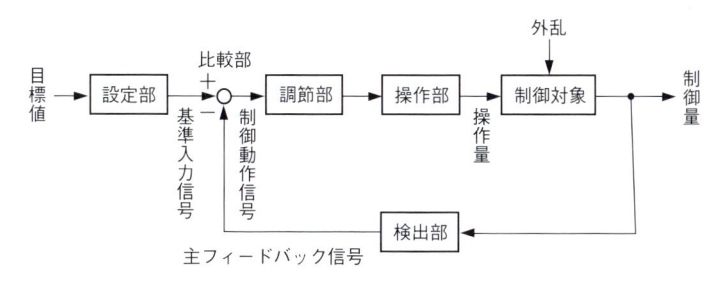

図3 フィードバック制御系

フィードバック制御の基本的な制御要素は，2章で後述するブロック線図と伝達関数によって記述される．前節でとり上げた全自動洗濯機を例にとれば，ブロック線図による伝達要素の流れは，以下に述べるように，その系が自動制御される機器としての働きを示すものとして考えることができる．

奥様が洗濯を行おうとするとき，まず洗濯物の汚れ度合い・布地の種類・洗濯物の量などを確認し，それから洗濯機に投入する洗剤の量を決定，洗濯に要する

時間の設定やすすぎの回数の設定などを行い，洗濯機の操作全般を通して，奥様が要求する必要な条件を奥様の判断・評価によって遂行する．

これをブロック線図に表すと図4のようになる．図4において，入力側の命令（要求）は，あくまでも奥様（操る人間側）の決定によりなされるということである．

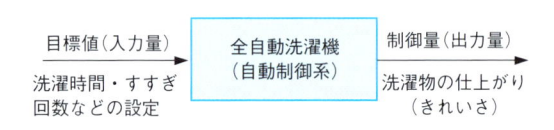

図4　洗濯のブロック線図

しかし，このままではフィードバック制御とはいえず，完璧な全自動洗濯機を求めるならば，洗濯機自体がまんべんなく布地の仕上がりの程度をチェックし，奥様が要求する布地のきれいさの度合いに達したとき，洗濯動作を終了するようにすればよいのである．これをブロック線図に表すと図5のようになり，フィードバック制御といえるようになるのではないか．

つまり，人間が日々行っているであろう反省と訂正動作を含め，自動的なしぐさをさせる仕組みができ上がってはじめて「フィードバック制御」ということができよう．

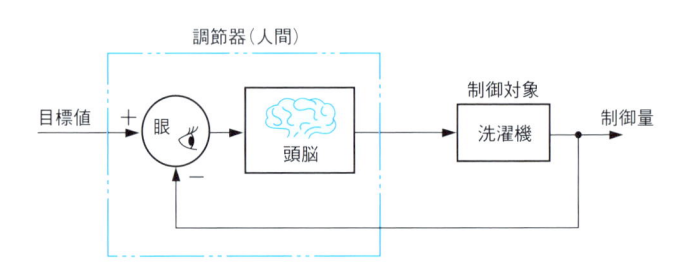

図5　フィードバック（帰還）

ここで，図5に着目してみよう．図5のブロック線図は，「閉ループ」を形成していることがわかる．つまり，人間の思考に基づく原因によってなされた結果（制御する量）が，再び人間が判断する資料（データ）として返還されている．このことを**フィードバック**（**帰還**）という．

シーケンス制御とフィードバック制御

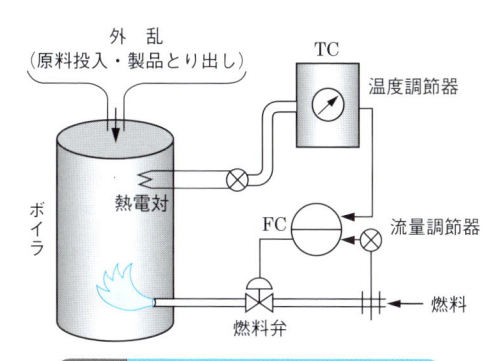

図6　ボイラのフィードバック制御

では，図6に示すようなボイラの温度を一定に保つ制御を例にとり，フィードバック制御についてもう少し具体的に考えてみよう．

ボイラのフィードバック制御は，熱電対による温度検出器によってボイラの温度を測定し，直ちに測定値は温度調節器の比較部に送られ，目標値と測定値を比較し偏差を求める．

次に，偏差の量に応じて流量調節器（操作部）は燃料弁の開度を調節することとなり，測定値が目標値より低い場合はバーナの燃料を増加する方向に弁を開き，逆に測定した温度が目標値よりも高い場合は燃料を減少する方向に弁を閉じ，常に偏差をなくすように制御して，弁の開度を調節することによってボイラ温度を一定に保つように制御するものである．これをフィードバック制御の基本形にすると，図7のように表せる．

つまりフィードバック制御は，制御の結果を常に検出し，目標値と比較して差があればそれを目標値に修正するような動作を行うものである．その制御回路は

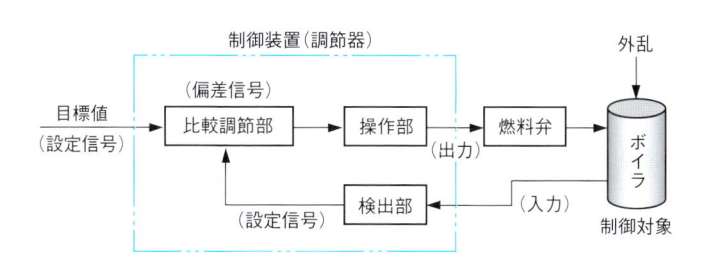

図7　フィードバック制御による温度制御の機能図

「閉回路」となり，誤差に対してそれを打ち消すように信号を修正することを，一般に「**ネガティブフィードバック**」という．

産業界におけるフィードバック制御は，今まで述べたように「量」を制御するものが主流となっている．つまり，温度，流量，推移，圧力，速度などを一定に保つことの制御が主流をなしている．したがって，量を制御するフィードバック制御においては，「**外乱**」というものが制御量に大きな影響を与える．

前述のボイラについて考えれば，「外乱」は原料の投入やできた製品のとり出し，工場などで使用する熱湯・蒸気などの「量」の変化であり，さらに外気温度の変化もある．つまり，外乱がなければ温度は常にほぼ一定に保たれ，ほとんど制御の必要がなく，また外乱の値とその発生する時刻が正確にわかっていれば，シーケンス制御で十分に対応が可能である．しかし，一般にそのようなことはほとんどありえない．したがって，フィードバック制御系では，外乱の影響に対処するため，前述のように制御量を目標値に一致するよう常に検出・測定し，制御偏差を"0"に保つような命令を出し，操作量を制御するのである．

これまで述べたように，フィードバック制御は定量的，アナログ的な制御特性を持ち，かつ連続した制御動作であることから，図7のような制御系において，いろいろな「外乱」に対して制御精度を高める場合に適する制御といえる．

なお，制御系の外からの命令である目標値の変化に対する対応において，その追随をより早く実行したり，外乱に対する応答をすばやく実行し安定した状態に戻すため，さまざまな制御動作が考案されている．つまり，P（比例），I（積分），D（微分）動作要素の組合せに基づく制御などであるが，その詳細は7章で述べる．

例題 1 次の記述中の空白箇所①，②および③に当てはまる字句を記入しなさい．

外乱があまりない系では，シーケンス制御のような ① 制御で十分であるが，外乱の影響が大きく制御量の変動が大きな系では，② 制御しなければならない．また，外乱が制御量の変化として検出されるのが遅い系では，外乱の影響を前向き経路により補償する ③ 制御が用いられる．

解答 外乱があまりない制御系では，シーケンス制御のようなオープンループ（開ループ）制御で十分であるが，外乱が大きく，かつその変動が大きな制御系では，フィードバック（閉ループ）制御によって訂正動作をさせる必要がある．しか

し，外乱が制御量の変化として検出されるのが遅い制御系では，フィードバック制御では外乱の影響が検出されるまでに長時間を要し，そのため訂正動作も遅れ，あまり良い制御結果を期待することができない．

このような場合には，「フィードフォワード制御」が有効である．この制御法は，図8のように前向き経路で外乱を検知するとすぐさま先回りして，それを打ち消すよう調節部に信号を入れて操作量を動かす方法である．

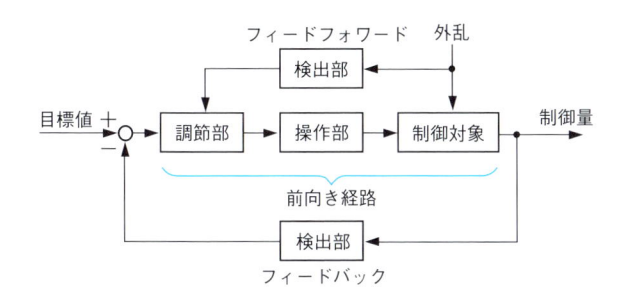

図8　フィードフォワード制御

ただし，調節部の一定の調節に対する制御量の変化が常に一定でないと，外乱の影響を完全に打ち消すことができないので，図示のようにフィードフォワード制御とフィードバック制御とを組み合わせて使うなどの工夫がされている．
①オープン（開）ループ　　②フィードバック　　③フィードフォワード　　（答）

3 フィードバック制御系の基本的構成

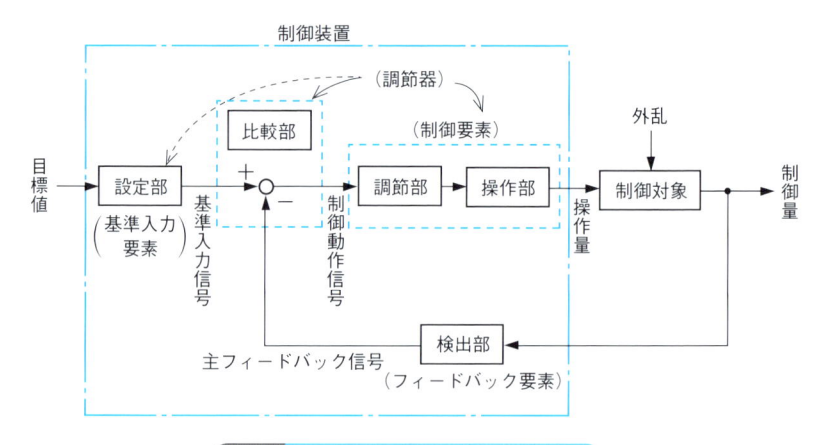

1 フィードバック制御系の基本的構成

フィードバック制御系は，図1に示すような要素から構成されている．なおフィードバック制御系は，前述のように主フィードバック信号によって系が循環経路を持った閉回路を形成する．

図1 フィードバック制御系の構成

2 フィードバック制御系の構成要素

（a）設定部 目標値を基準入力に変換する要素，基準入力要素．主に人間系により入力される値である．温度・圧力・位置・電圧など．

（b）調節部 制御系が所要の働きをするのに必要な信号を作り出し，操作部へ送り出す部分であり，制御装置の核ともいうべき部分である．調節部には一般に調節計が用いられる．自動制御の目的を達成するため，PID動作に限らず，オン・オフ動作でも目的が十分に得られるのであれば，調節計として十分である．

（c）操作部 調節部などからの信号を操作量に変換し，制御対象に働きか

ける部分．実際の操作部は直接各種の流体（燃料・水・蒸気・ガスなど）を操作するもので，空気式調節弁・電磁弁やモータ類はその代表的なものである．
(d) 制御対象　制御の対象になるもので，装置の全体あるいはその一部をいう．
(e) 検出部　制御対象などから，制御に必要な信号をとり出す部分．基準入力信号と同種類の物理量に変換する部分．実際の検出部は，温度・圧力・位置・電圧など（測定した量）を検出して受信部へ信号を送る機器であり，これらはさらに検出器・変換器・伝送器に分けられる．

検出器は前述の熱電対や測温抵抗体などがあり，測定量を変換器または受信機へ伝送する信号に変えるもので，最近ではさまざまなセンサが開発され採用されている．変換器には温度変換器やpH変換器などがあり，検出器からの信号を受信部に送るために，適する信号に変換する機器をいう．伝送器は，検出器と変換器が一体となったものをいう．

(f) 比較部　基準入力信号から主フィードバック信号を差し引き，制御動作信号を出す．
(g) 制御要素　動作信号を操作量に変換する要素で，調節部と操作部から構成される．

3 フィードバック制御系の信号

フィードバック制御系には，基本的に次のような五つの信号がある．
(a) 目標値　制御量の希望となる値で，目標として外部から与える値である．目標値が一定となるときは設定値ともいわれる．
(b) 基準入力　制御系を動作させる基準として，直接，閉ループに加えられる入力信号．基準入力要素を通じて，目標値を主フィードバック量と同種の量に変換したものである．
(c) 動作信号　基準入力と主フィードバック量との比較によって得られる信号で，制御系の制御動作を起こさせるもとになる誤差信号．偏差ともいわれる．
(d) 操作量　制御を行うために，制御対象に加える量．
(e) 外　乱　制御系の状態を乱そうとする外的作用．

❹ 簡単なフィードバック制御系の構成

誰もがお世話になっていると思われる電気こたつ（図 2）を例にとり，その動作原理を考え，信号の伝達経路を示すフィードバック制御系の構成図を描いてみることとする．

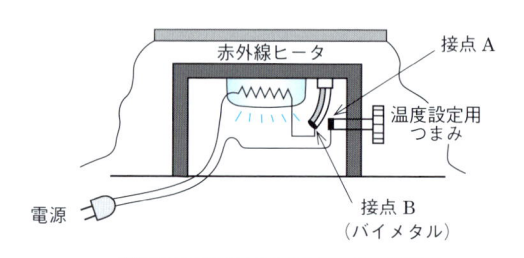

図 2　電気こたつの原理図例

電気こたつには，バイメタルからなるサーモスタットがついており，こたつの中の温度を人間の希望する温度に保つようになっている．

こたつを利用しようとするとき，温度設定表示されたつまみ類で希望する温度を設定すると，サーモスタットの接点 A の位置が定まる．こたつの中の温度は中に置かれたバイメタルの曲がりとして測定され，これにより接点 B の位置が変化する仕組みである．

こたつの中の温度が希望値と比較して低い場合には，バイメタルの曲がりが小さくなり，接点がオンとなって赤外線ヒータに電流が流れる．温度が上昇するとバイメタルの曲がりが大きくなり，こたつの中の温度が希望値を超えると接点がオフとなる．つまり，こたつの中の温度はバイメタルの曲がりとして測定（検出部）され，フィードバックされる仕組みとなっている．

このこたつの信号経路を示すと図 3 のようになり，フィードバック制御系の基本的な構成となる．詳細は 6 章で説明することとする．

フィードバック制御系の基本的構成 3

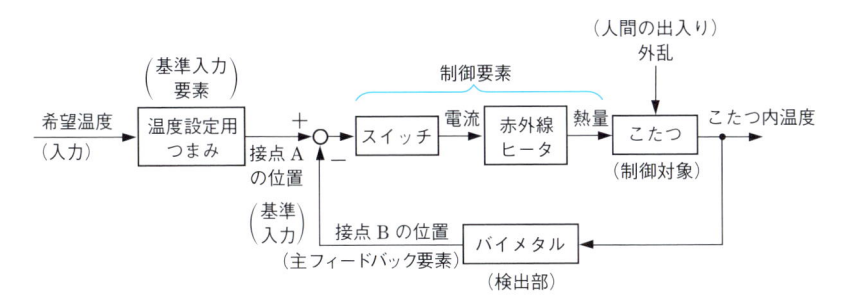

図3 電気こたつの制御構成（信号経路図）

この図からわかるとおり，明瞭な閉ループ（フィードバック）の経路が示されている．バイメタルによる電気こたつの温度制御は，フィードバック制御におけるオン・オフ（2位置）制御の代表例といえる．この場合の外乱の多くは，暖かいこたつで一杯やりたいと考えている私たちであることに間違いないであろう．

例題2 次の記述中の空白箇所①，②，③および④に当てはまる字句を記入しなさい．

図4は，制御系の基本構成を示す．制御対象の出力信号である ① が検出部によって検出される．その検出部の出力が比較部で ② と比較され，その差が調節部に加えられる．その調節部の出力によって操作部で ③ が決定され，制御対象に加えられる．このような制御方式を ④ 制御と呼ぶ．

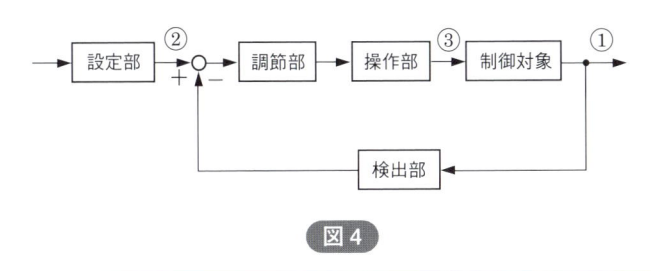

図4

解答　①制御量　　②基準入力　　③操作量　　④フィードバック

1章 制御の基礎

問題 1　次の記述中の空白箇所①，②，③および④に当てはまる字句を記入しなさい．

制御装置の調節部とは，　①　に基づく信号と　②　からの信号をもとに，　③　が所要の働きをするのに必要な信号を作り出して　④　へ送り出す部分をいう．

問題 2　次の記述中の空白箇所①，②，③，④および⑤に当てはまる字句を記入しなさい．

フィードバック制御とは，フィードバックによって　①　を　②　と比較し，それらを一致させるよう　③　動作を行う制御をいう．つまりフィードバックとは　④　を形成して，出力側の信号を入力側へ　⑤　ことをいう．

問題 3　次の記述中の空白箇所①，②，③，④および⑤に当てはまる字句を記入しなさい．

電気アイロン，電気こたつなどの家庭用電気製品の　①　調節には，　②　制御が一般に用いられている．それは，2枚の　③　の異なる金属を貼り合わせて作られた　④　により，温度が設定値より　⑤　したときは電源を切り，逆の場合は閉じて一定の温度に制御される．

4 フィードバック制御系の基礎用語

1 フィードバック制御系の基礎用語
図 1 に，フィードバック制御系の適用例を示す．

1 最適制御
図 1 (a) に示すように，主にプラントなどを最適な状態に制御するため，適当に定めた性能尺度を極大（または極小）にするように制御すること．制御系におけるプラントとは，発電所や化学工場の設備ではなく，制御系における制御の対象となるシステムをいい，そのパラメータは一般に変化しないものである．

2 カスケード制御
この制御は，図 1 (b) に示すように二つの調節計ループを組み合わせて，カスケード（次々と接続すること）調節計として制御動作を行う運転形態をいう．つまり，調節器（一次）の出力が次の調節器（二次）の入力となるような構成により，制御を実行する制御系である．

3 サンプル値制御
図 1 (c) にその例を示す．フィードバック制御系のループ中にサンプル信号を用いるもので，時間に対してとびとびの不連続な時点で提供，あるいは観測されたデータ（アナログまたはディジタルのかたち）によって動作する制御系をいう．図 1 (d) に示すような，ディジタル計算機を用いた計算機制御もその一つである．

4 ホールド回路
多数のアナログ信号をマルチプレクサによって順次サンプルし，これを A-D 変換器によってディジタル信号に変換して伝送線路に送り込む場合に，分解能を高めるためにサンプルのための開口時間をなるべく小さくし，しかも A-D 変換を確実に行う必要から，マルチプレクサと変換器の間にサンプルホールド回路を置いて，ある時点でのサンプル値を，変換に必要な時間だけ記憶（保持）しておくようにするものである．

5 マルチプレクサ

多くの入力と単一の出力を持つような装置のこと．入力信号を順次切り換えて，同一線路で次々に送信したり，あるいは入力信号をいったん記憶しておき，一時的にそのうちの一つを選び，そのまま送信するような装置をいう．

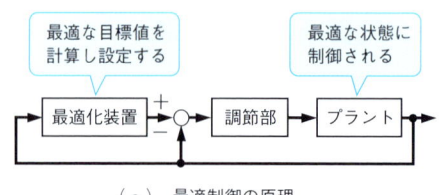

(a) 最適制御の原理

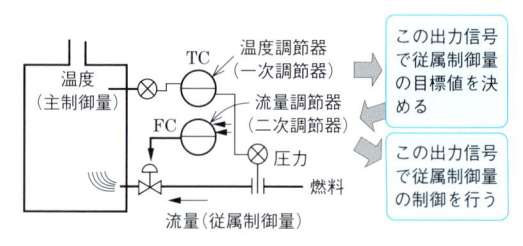

(b) カスケード制御の例

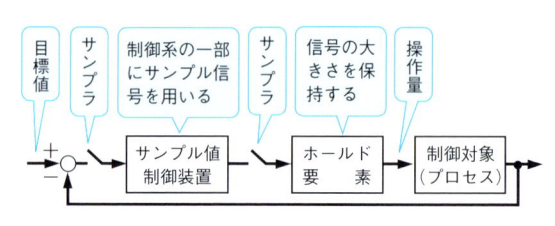

(c) サンプル値制御の例

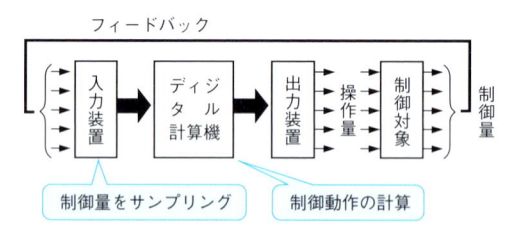

(d) 計算機制御の構成例

図1 フィードバック制御の適用例

フィードバック制御系の基礎用語 4

> **例題3** 自動制御に関する次の記述のうち，誤っているのはどれか．
> (1) フィードバック制御系は，目標値に制御量を追従させることができ，制御対象に外乱が加わったとしても，その影響を小さくできる．
> (2) シーケンス制御は，あらかじめ定められた順序に従って，制御の各段階を遂次進めていく制御である．
> (3) 構造が簡単で，制御対象から動力源を得る他力制御は，一般にオン・オフ制御となる．
> (4) サンプル値制御は，フィードバック制御系のループ中にサンプル信号を用いるもので，ディジタル計算機を用いた計算機制御もその一つである．
> (5) カスケード制御とは，調節器の出力を次の調節器の入力となるような構成により行う制御系である．

解答 （3）

自動制御の主な目的

① 快適条件の確保
　まずは私たち人類が要求する環境を「快適に保つこと」が自動制御の一番大切な目的である．
② 安全装置としての役割
　温度・湿度・圧力などを，要求する許容値内に保って，機器・装置および操作する者の安全確保を図る．
③ 人的ミスを減らす役割
　手動操作では不可能に近いようないろいろな要素を，自動的に互いに関与する系統と関連動作をさせることができ，要求する値に一度設定すれば，手動操作で生じるような操作ミスをなくすことができる．
④ 経済性の役割
　連続運転による保守・管理要員の削減や，負荷の状態に適応するように，制御系のレベルを保つことによって省エネルギーを図ることができる．
⑤ 製品品質の向上
　各種産業の製品の製造，保管などで，室内の温度・湿度・清浄度などを制御することで，高品質や歩留まり向上の要求が追求できる．

5 フィードバック制御系の分類

フィードバック制御系の分類を**表1**にまとめて示す．

表1 フィードバック制御系の分類

分類	名称	制御内容	
目標値の時間的性質による分類	定値制御	目標値が変化しない一定の制御	
	追値制御 （目標値が変化する）	追従制御	目標値が時間的に任意に変化する場合の制御
		比較制御	目標値がほかの量と一定の比率で変化する制御
		プログラム制御	目標値があらかじめ定められた値に変化する制御
使用分野による分類	自動調整	目標値が一定の定値制御	
	プロセス制御	制御量が温度，流量，圧力などのプロセス量の制御	
	サーボ機構	制御量が機械的位置，回転角などを主体とする制御	
制御量の数による分類	多変数制御 （制御量などが複雑）	複合制御	制御量の干渉がないか，あっても一方向のときの制御（例：比率制御）
		結合制御	制御量間の干渉がある制御（例：カスケード制御）
操作エネルギーによる分類	自力制御	制御対象から検出部を通して操作動力を直接得る制御	
	他力制御	補助電源（制御電源）から操作動力を得る制御	

1 目標値の時間的性質による分類

目標値の時間的性質により分類すると，表1に示すように定値制御と追値（追従）制御に大別することができる．

1 定値制御

目標値が常に一定値となる制御をいう．目標値が一定の状態において，外乱などの影響を受けても絶えず制御量が一定値に保たれる状態であることが，定値制御系の果たすべき機能である．プロセス制御の一部，自動電圧調整装置，自動周波数調整装置などに採用されている．

2 追値（追従）制御

目標値が時間的に変化する制御をいう．この制御は目標値が任意に変化するこ

とに対応するもので，外乱の影響を受けても，制御量を目標値に俊敏かつ正確に従わせることのできる機能を有するもので，代表的なものにサーボ機構がある．

3 プログラム制御

　目標値があらかじめ定められた，時間的変化をする制御をいう．目標値の変化はあらかじめ設定されたプログラムに従って実行する制御であり，制御量の状態と目標値との比較による制御命令に従って，所要の制御を遂行できることがプログラム制御系の果たすべき機能である．熱処理炉，その他の温度制御，化学プラント，エレベータの速度制御などがそれである．

4 比率制御

　目標値がほかの量と一定の比率で変化する（二つ以上の量の間にある比率関係を保つ）制御をいう．この制御は，目標値があるほかの量との間に比率関係を保つように変化させる制御をいう．とくに比率制御は，プロセス制御などにおいて欠かすことのできない制御である．燃焼時の空気と燃料比率，原料の流量比率，ガスの混合比率などにその制御の特徴を生かして採用されている．

　図1に，目標値の時間的変化による制御方式の例を示す．

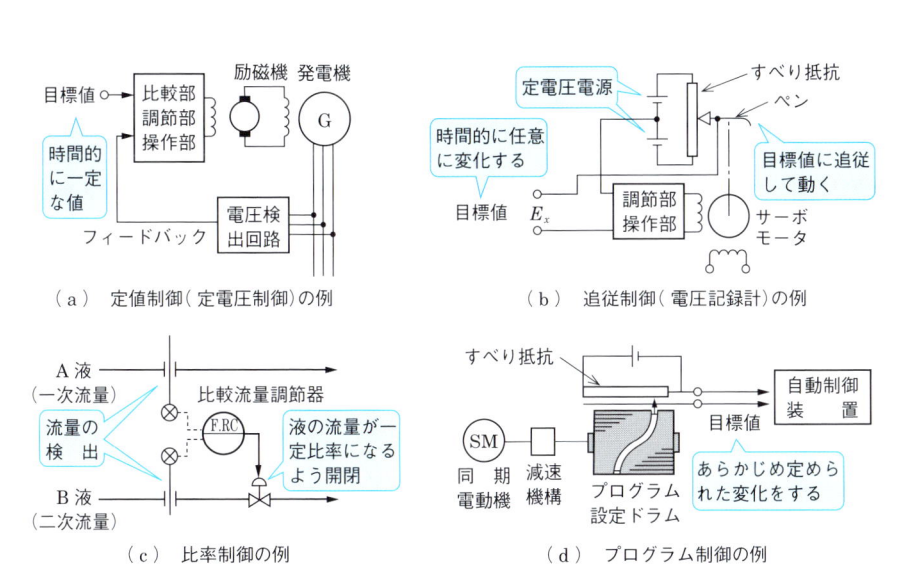

（a）定値制御（定電圧制御）の例

（b）追従制御（電圧記録計）の例

（c）比率制御の例

（d）プログラム制御の例

図1 目標値の時間的変化による制御方式の例

2 制御量の種類による分類
1 自動調整
　目標値が一定の定値制御のことをいうが，その制御量は電気または機械的な量とし，所要の目標値に近づけることが可能となる調整装置をいう．

　自動調整は最も早くから開発が行われてきた自動化機器であり，原動機や電動機の速度調整，発電機の電圧調整，電力系統の自動周波数調整などに用いられている．

2 プロセス制御
　温度・圧力・流量・濃度・位置など，工業プロセスの状態量を制御量とするものをいう．プロセス制御の特徴（欠点ともいうべきもの）は，その応答に時間的な遅れを有しているのが一般的であり，さらに比較的大きな無駄時間を有していることである．

　プロセス制御系の目的は，目標値を一定とする定値制御であるから，これら制御量変化の時間的遅れの性質を改善し，かつ外乱に対する制御量をいち早く目標値に近づけるため，制御対象の示す動作特性にふさわしい調節計を選定し，フィードバック系を構成することとなる．詳細は7章で述べる．

3 サーボ機構
　機械的位置，回転角，方位，姿勢などを制御量とし，目標値の任意の変化に追従できるように構成された系をいう．サーボ機構の用語自体は制御系とほぼ同意に扱われることが多く，電気式の操作装置としてのサーボモータはサーボ機構の代表格として知られている．詳細は6章で述べる．

　サーボモータの構造は，ほかのモータと基本的に同じであるが，それを連続回転としての使用ではなく，始動・運転・停止・逆転を繰り返し頻繁に使用されるもので，機構全体としては急激な，あるいは変化範囲の広い目標値または外乱による制御量の変化に対して，遂行と修正を正確に追行できる機能を有するものとなっている．その用途は，計器の指示，装置の遠隔操作，工作機械の制御，数値制御，船舶の自動操舵，航空機の自動操縦など，幅広い分野で採用されている．

　サーボ（servo）という言葉は，ラテン語の"servus"が語源で「奴隷（slave）」を意味している．ご主人様の指示に正確に従えということからであろうか．

3 操作エネルギーによる分類

1 自力制御
操作部を動作させるのに必要なエネルギーを，制御対象から検出部を通して直接得る制御をいう．図2に示すような水洗トイレのタンクの液面制御がその例である．

（a）原理図　　　（b）フィードバック図

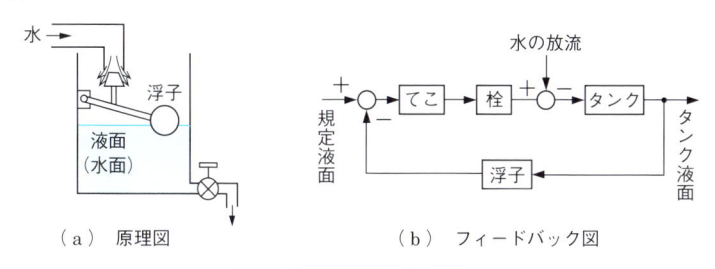

図2　タンクの液面制御

2 他力制御
操作部を動作させるのに必要なエネルギーを，補助電源から与えられる制御をいう．水槽の液面制御などで，液位の変化をフロートで検出し液体供給に必要なエネルギーを電力などに頼る制御をいう．

> **例題4**　次の記述中の空白箇所①，②，③，④および⑤に当てはまる字句を記入しなさい．
> 　自動制御系を　①　のふるまいから分類すると，目標値が一定である　②　制御，目標値が変化する追値制御に分けられる．後者はさらに，目標値が任意の時間変化をする　③　制御とほかの量と一定の比率関係で変化する　④　制御，およびあらかじめ定められた時間変化をする　⑤　制御に分けられる．

解答　①目標値　②定値　③追従　④比率　⑤プログラム

> **問題4**　次の記述中の空白箇所①，②，③および④に当てはまる字句を記入しなさい．
> 　サーボ機構は，目標値の変化に対する　①　制御であり，その過渡特性が良好であることが要求される．一方，プロセス制御は目標値が一定の　②　制御が一般的であり，外乱に対する抑制効果を　③　する場合が多い．しかし，プロセス制御でも比率制御や　④　制御のように目標値に対する追値制御もあるが，過渡特性に対する要求はサーボ機構ほど厳しくはない．

6 ラプラスの基礎

❶ ラプラス変換とは（意義を知る）

図1 ラプラス変換

（吹き出し：微分方程式をこのまま解こうなんて!! 現代人はナンセンスね／私なら難しい方程式を使わずに「簡単」に解きますね!!／「ラプラス変換」バンザーイ／ラプラス氏）

　ラプラス変換，ラプラス方程式，ラプラスの展開定理などは，フランスの天文学者であり数学者（確率論，解析理論などの研究者）でもあるラプラスが，生涯で残した有名な業績の一部である．彼は数式をほとんど使用せず，啓蒙書を何冊も書いている．ラプラス変換は，自動制御や電気回路の過渡現象の問題を解くのに使う道具であることは，読者諸君もご承知のとおりである．

　では本題であるフィードバック制御を適切に行うためには，現在の状態を知っているだけで十分であろうか．その答えは不十分であるといえる．つまり，状態の変化量（速度）や変化量の変化量（加速度）などの情報を用いることで，より高度な（ダイナミックな）制御目標を実現することができるからである．

　ここで，変化量（速度）や変化量の変化量（加速度）は一般に微分演算によって求められるので，フィードバック制御系の表現には，微分方程式が用いられることがほとんどである．しかし，微分方程式は扱いが難しく，解が求まっても制御系がどのように振舞うのかその特性が見えにくいばかりか，さらに物体の変化を表現するためには，時間領域での微分方程式を用いることとなるが，制御系の特性（3章で述べる周波数応答など）では周波数領域において知りたいことが多く，制御系を上手に表現する手法が19世紀より考えられてきた．その中で現在非常によく用いられるのが，ラプラス変換を用いて微分方程式を変換する手法で

あるといえよう．

ラプラス変換は，微分方程式をいったん代数方程式に変換して解き，これを逆変換して元の微分方程式の解を求めるもので，本質的な計算が代数的に処理できる特徴を持つ．

2 ラプラス変換の定義

$$F(s)=\int_0^\infty \varepsilon^{-st}f(t)dt$$

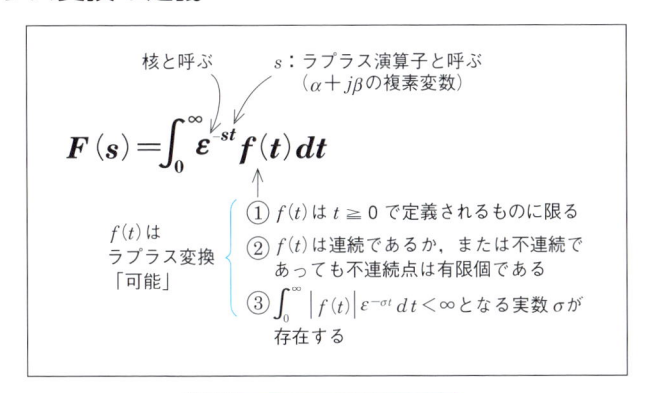

核と呼ぶ
s：ラプラス演算子と呼ぶ（$\alpha+j\beta$の複素変数）

$f(t)$ はラプラス変換「可能」
① $f(t)$ は $t \geq 0$ で定義されるものに限る
② $f(t)$ は連続であるか，または不連続であっても不連続点は有限個である
③ $\int_0^\infty |f(t)|\varepsilon^{-\sigma t}dt < \infty$ となる実数 σ が存在する

図2 ラプラス変換の定義

図 2 は，ラプラス変換の定義（アウトラインと考えてもらいたい）について簡単にまとめたものである．ラプラス変換の理論の詳細まで理解しようとするとかなり大変であるので，ここでは使い方を中心に概述する．

ラプラス変換とは，任意の関数（自動制御や電気では，ほとんどの場合時間関数である）$f(t)$ をもとにして，図 2 に示した次の式(1)を実行することである．つまり，時間 t の関数 $f(t)$ があるとき，この $f(t)$ に ε^{-st} を掛け，これを時間について 0 から ∞ まで積分すると，$F(s)$ を得る．この $F(s)$ を $f(t)$ の**ラプラス変換**という．

$$F(s) = \int_0^\infty \varepsilon^{-st}f(t)dt \tag{1}$$

なお，時間関数 $f(t)$ が図 2 に示す①〜③の条件を満たすとき，$f(t)$ はラプラス変換可能であるという．ただし，私たちが普段接するなじみの深い関数は，そのほとんどがラプラス変換可能であると考えてよいであろう．

ここで，$f(t) = \varepsilon^t$ として式(1)で計算してみよう．

$$F(s) = \int_0^\infty \varepsilon^{-st}\varepsilon^t dt = \int_0^\infty \varepsilon^{(1-s)t}dt$$

$$= \frac{1}{1-s}\left[\varepsilon^{-(s-1)t}\right]_0^\infty = \frac{1}{s-1} \quad (s-1>0) \tag{2}$$

つまり，ε^t は $\dfrac{1}{s-1}$ という s の関数に変換されるものである．

以上のようなラプラス変換を使うことで，微分方程式を代数的計算で解くことができる．したがって，ラプラス変換は自動制御には欠かせない手法であり，さらに過渡現象の難しい計算も，直流回路計算とまではいわずとも同様の方法で解くことができる．

ここで，ラプラス演算子 s は実数のこともあるが，一般に図2に示すように複素数である．ただし，ラプラス変換においてはその値がいくらであるかということを考える必要はない．式(2)では $s-1>0$，すなわち $s>1$ という制限がつくが，これも無視してよい．つまり，s は t に関係のないある値を持った数値である，と理解しておくことがラプラス変換を理解するのに都合が良い考えである．

❸ ラプラス変換の表し方

任意の関数（時間関数）$f(t)$ は，$F(s) = \int_0^\infty \varepsilon^{-st}f(t)dt$ の計算によって s の関数に変換されたが，この変換にそのつどインテグラル記号を書くのは面倒であるので，一般には次のように略記する．

$$\int_0^\infty \varepsilon^{-st}f(t)dt = \mathscr{L}\bigl[f(t)\bigr] = F(s) \tag{3}$$

つまり，式(2)は次のように表される．

$$\mathscr{L}\bigl[\varepsilon^t\bigr] = \frac{1}{s-1} = (F(s)) \tag{4}$$

❹ ラプラス逆変換とは

ラプラス逆変換とは，s の関数 $F(s)$ が与えられて，t の関数 $f(t)$ を求めることをいう．なお，ラプラス逆変換の表し方は次のようになる．

$$\mathscr{L}^{-1}\bigl[F(s)\bigr] = f(t) \tag{5}$$

式(4)を例にとると，次のように表せる．

ラプラス変換の基礎 6

$$\mathscr{L}^{-1}\left[F(s)\right] = \mathscr{L}^{-1}\left[\frac{1}{s-1}\right] = \varepsilon^{t}\ (=f(t)) \tag{6}$$

ラプラス変換は前述したように，微分方程式をいったん代数方程式に変換して解き，これを逆変換して元の解を求めるもので，正・逆変換の手数を要するが，本質的な計算が代数的に処理できるものであり，表1に示す変換表（簡単な公式）を用いれば，簡単かつ機械的に処理できる．

表1 ラプラス変換表（抜粋）

$f(t)$	$F(s)$	$f(t)$	$F(s)$
$1(u(t))$	$\dfrac{1}{s}$	$\sin \omega t$	$\dfrac{\omega}{s^2+\omega^2}$
a	$\dfrac{a}{s}$	$\cos \omega t$	$\dfrac{s}{s^2+\omega^2}$
$\varepsilon^{\pm at}$	$\dfrac{1}{s \mp a}$	t	$\dfrac{1}{s^2}$
$\dfrac{1}{a}(1-\varepsilon^{\pm at})$	$\dfrac{1}{s(s+a)}$	$\varepsilon^{-at}\sin \omega t$	$\dfrac{\omega}{(s+a)^2+\omega^2}$
$t\varepsilon^{-at}$	$\dfrac{1}{(s+a)^2}$	$\varepsilon^{-at}\cos \omega t$	$\dfrac{s+a}{(s+a)^2+\omega^2}$
微分：$\dfrac{df(t)}{dt}$ ($f(0)$：初期値)	$sF(s)$ $-f(0)$	最終値定理 $\lim\limits_{t \to \infty} f(t)$	$\lim\limits_{s \to 0} sF(s)$

一般に，$f(t)$ が与えられた関数で，$R(s,t)$ を s パラメータとするある決められた関数として，

$$\int_a^b R(s,t)f(t)dt \tag{7}$$

の計算を実行することを $f(t)$ の積分変換という．つまり，ラプラス変換は積分変換の一種といえる．なお，積分変換にはこのほかにもいろいろある．

また，ラプラス逆変換を計算するには，読者諸君にはかなり難しく感じる（筆者も同じ）と思われる，式(8)に示す積分計算をしなければならない．

$$\frac{1}{2\pi j}\int_{\sigma-j\infty}^{\sigma+j\infty} F(s)\varepsilon^{st}ds \tag{8}$$

しかし心配することなかれ．この計算を行う必要はない．これはどういうことかというと，前述の例でいうと ε^{t} のラプラス変換が $\dfrac{1}{s-1}$ であるならば，こ

の $\frac{1}{s-1}$ のラプラス逆変換は ε^t であると決まっているからである．

ラプラス変換の手順は，乗除の計算を対数によって解く手順と相似している．また，対数関数と指数関数が裏腹の関係にあることとも相似している．この関係の概略を図3に示す．

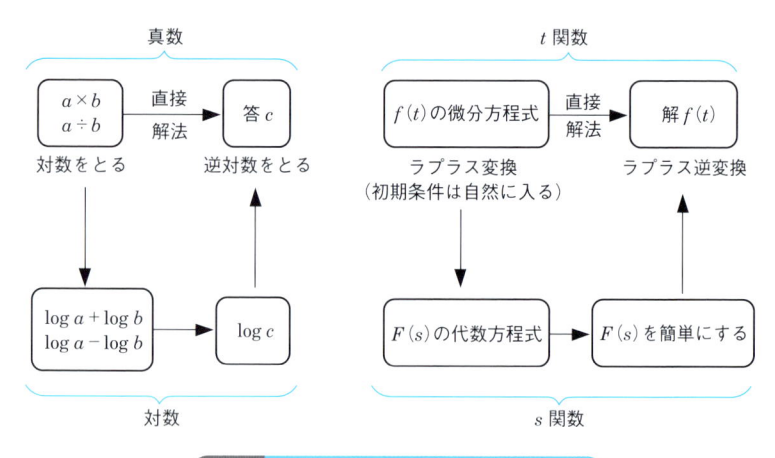

図3 対数計算とラプラス変換の比較

5 ラプラス変換で簡単な電気回路の過渡現象を解く

$$L\frac{di}{dt} + Ri = E$$

$$i = \frac{E}{R}(1 - \varepsilon^{-\frac{R}{L}t})$$

$$(sL+R)I(s) = \frac{E}{s}$$

$$I(s) = \frac{E}{s(sL+R)}$$

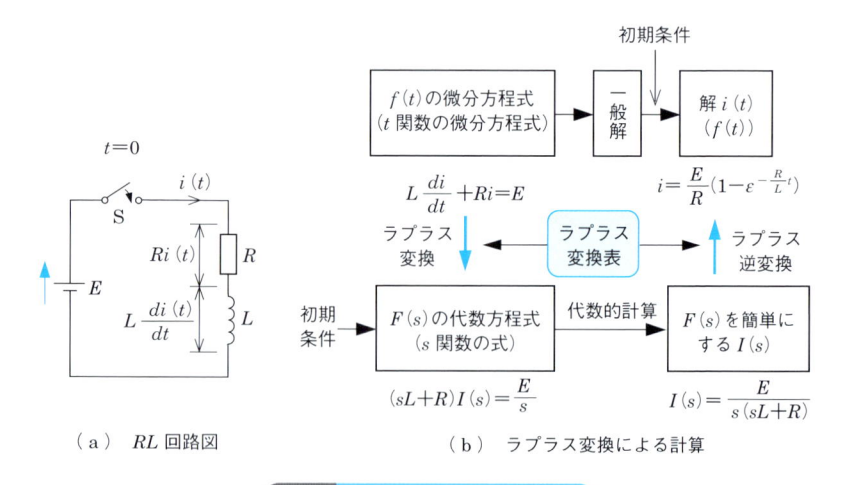

（a）RL回路図　　（b）ラプラス変換による計算

図4 ラプラス変換・逆変換

図4(a)に示すような RL 直列回路のスイッチ S を $t=0$ で投入し,直流電圧 E が印加された場合について考える.図の回路に流れる電流を $i(t)$ とすると,キルヒホッフの法則により次のような微分方程式が成立する.

$$L\frac{di(t)}{dt} + Ri(t) = Eu(t) \tag{9}$$

式(9)において,$L\dfrac{di(t)}{dt}$ はインダクタンス L の逆起電力であり,$Ri(t)$ は抵抗 R の電圧降下である.また,$Eu(t)$ は表1に示した単位ステップ関数 $u(t)$ の E 倍であり,$t \geqq 0$ でスイッチ S が投入されて E となることを示している.式(9)の両辺をラプラス変換すると,

$$L\{sI(s)-i(0)\}+RI(s) = \frac{E}{s} \tag{10}$$

となる.

式(10)において,$i(t)$ のラプラス変換が $I(s)$ であり,$Ri(t)$ は $i(t)$ の R 倍(抵抗 R は式の中では定数)であるので,そのラプラス変換は $RI(s)$ となる.また,$L\dfrac{di(t)}{dt}$ のラプラス変換は $\dfrac{di(t)}{dt}$ のラプラス変換 $sI(s)$ の L 倍(インダクタンス L は式の中では定数)となるので,$sLI(s)$ となる.さらに,$Eu(t)$ は $u(t)$ の E 倍であるから,そのラプラス変換は E/s となる.なお,スイッチ S を投入するまでは電流 $i(t)$ は当然 "0" である.

式(10)より $I(s)$ を求めると次式のようになる.

$$I(s) = \frac{E}{s(Ls+R)} \tag{11}$$

しかし式(11)のままでは,逆ラプラス変換するには変換公式が見当たらない.したがって,式(11)を部分分数分解して逆ラプラス変換できるようにする必要があり,この式を少し整理する.

$$I(s) = \frac{E}{L} \times \frac{1}{s\left(s+\dfrac{R}{L}\right)} \tag{12}$$

となり,式(12)の右辺の分数 A,B を定数として次式のように部分分数分解する.

$$\frac{1}{s\left(s+\dfrac{R}{L}\right)} = \frac{A}{s} + \frac{B}{s+\dfrac{R}{L}} \tag{13}$$

式(13)の両辺に s を掛けて式を簡単に整理すると,

$$\frac{1}{s+\dfrac{R}{L}} = A + \frac{sB}{s+\dfrac{R}{L}} \tag{14}$$

式(14)の両辺に $s=0$ を代入すると,

$$\frac{1}{0+\dfrac{R}{L}} = A + \frac{0\times B}{0+\dfrac{R}{L}} \;\;\rightarrow\;\; A = \frac{L}{R} \tag{15}$$

次に,式(13)の両辺に $s+(R/L)$ を掛けて,式(14)と同様に式を簡単に整理すると,

$$\frac{1}{s} = \frac{\left(s+\dfrac{R}{L}\right)A}{s} + B \tag{16}$$

となり,式(16)に $s = -R/L$ を代入すると,

$$\frac{1}{-\dfrac{R}{L}} = \frac{\left(-\dfrac{R}{L}+\dfrac{R}{L}\right)A}{-\dfrac{R}{L}} + B \;\;\rightarrow\;\; B = -\frac{L}{R} \tag{17}$$

したがって,式(15),(17)を式(13)に代入して,さらに式(12)に代入して計算すると,

$$I(s) = \frac{E}{L} \times \left(\frac{\dfrac{L}{R}}{s} + \frac{-\dfrac{L}{R}}{s+\dfrac{R}{L}}\right) = \frac{E}{R} \times \left(\frac{1}{s} + \frac{1}{s+\dfrac{R}{L}}\right) \tag{18}$$

となる.

式(18)は式(11)と比較すると,表1に示したラプラス変換公式の右欄にあ

る $1/s$ と $1/(s \mp a)$ の差に E/R の定数を掛けたかたちになったことがわかる．式（18）の形に式を変形すれば，表1に示したラプラス変換公式を使用（右欄から左欄に変換）してラプラス逆変換を行い，もとの時間関数 $i(t)$ を求めることができる．

$$i(t) = \frac{E}{R} \times \left(1 - \varepsilon^{-\frac{R}{L}t}\right) \tag{19}$$

このように，ラプラス変換を使用して微分方程式を解く場合，図4に示したように，ラプラス変換を行う→代数計算を行う（式を整理してラプラス逆変換できる形にすることが大切）→ラプラス逆変換を行う，という手順になる．一見すると遠回りのような手順に見えるが，複雑な微分方程式についても公式を使用して解くことができることを考えると，実質的には簡単に解くことができるといえる．

6 ラプラス変換の基本的な定理
1 最終値定理

$$\lim_{t \to \infty} f(t) = \lim_{s \to 0} sF(s) \tag{20}$$

関数 $f(t)$ のラプラス変換 $F(s)$ がわかっているとき，$t = \infty$ のときの $f(t)$ の値，つまり最終値を求める公式であり，$sF(s)$ の分母の根の実部が負のときのみ成り立つ．

（証明）

$sF(s) = f(0+) + \mathscr{L}[f'(t)]$ より，

$$\lim_{t \to \infty} sF(s) = f(0+) + \lim_{s \to 0} \int_0^\infty f'(t)\varepsilon^{-st}\,dt = f(0+) + \int_0^\infty \lim_{s \to 0} f'(t)\varepsilon^{-st}dt$$

$$= f(0+) + \Big[f(t)\Big]_0^\infty = \lim_{t \to \infty} f(t) \tag{21}$$

（例）

$\lim_{t \to \infty}\left(1 - \varepsilon^{-at}\right) = 1 - \varepsilon^{-\infty} = 1$ であるが，$sF(s) = \mathscr{L}\left(1 - \varepsilon^{-at}\right) = \dfrac{a}{s(s+a)}$

により，

$$\lim_{t \to \infty}\left(1-\varepsilon^{-at}\right)=\lim_{s \to 0} s \cdot \frac{a}{s(s+a)}=\lim_{s \to 0}\frac{a}{(s+a)}=1 \text{ となる.}$$

2 初期値定理

$$\lim_{t \to 0} f(t) = \lim_{s \to \infty} sF(s) \qquad (f(0) = \lim_{s \to \infty} sF(s)) \tag{22}$$

最終値定理と同様に,$t=0$ のときの $f(t)$ の値を知ることができる公式である.

(証明)

$$\lim_{s \to \infty} sF(s) = f(0+) + \lim_{s \to \infty}\int_0^\infty f'(t)\varepsilon^{-st}dt = f(0+) + \int_0^\infty \lim_{s \to \infty} f'(t)\varepsilon^{-st}dt$$
$$= f(0+) + \lim_{t \to 0} f(t) \tag{23}$$

7 ラプラス変換と伝達関数

これまで述べたラプラス変換の説明で,簡単と思われた方は少ないと思う.微分方程式もラプラス変換もやはり難しいものだと筆者は思う.なぜなら,これまでの説明は電験 3 種に合格または合格できる力のある方が,電験 2 種の合格を目指すといったレベルの説明となっているからである.

ここからは電験 3 種をこれから受験しようと考えているレベルで話を進めることとする.特に自動制御における伝達関数 $G(s)$ および周波数伝達関数 $G(j\omega)$ の具体的な求め方と,ラプラス変換との関係について説明する.なお,伝達関数とブロック線図の詳細については 2 章で述べることとする.

1 伝達関数 $G(s)$ の定義

$$\text{伝達関数 } G(s) = \frac{\text{出力信号のラプラス変換} \mathscr{L}y(t)}{\text{入力信号のラプラス変換} \mathscr{L}x(t)} = \frac{Y(s)}{X(s)} \tag{24}$$

伝達関数は,すべての初期値を "0" としたときの要素の出力信号 $y(t)$ のラプラス変換 $Y(s)$ と入力信号 $x(t)$ のラプラス変換 $X(s)$ との比をいう.

2 伝達関数 $G(s)$ の具体的な求め方

要素の入力,出力の変化分の関係を表す微分方程式を立て,その中の微分または積分は,

(微分) $\dfrac{d}{dt} \to s$, $\dfrac{d^2}{dt^2} \to s^2$ (積分) $\int dt \to \dfrac{1}{s}$, $\iint dt \to \dfrac{1}{s^2}$

と置いて，出力信号の比を求めればよい．

また，要素において抵抗 R，コンデンサ C，インダクタンス L のおのおのについて，次の置換を行い回路方程式を立てることで伝達関数を求め得る．

$$R \to R \qquad C \to \dfrac{1}{sC} \qquad L \to sL$$

初歩の段階では，この程度のことを覚えておくだけで十分である．

では，具体的に図5に示す RC 回路について伝達関数を求めてみる．

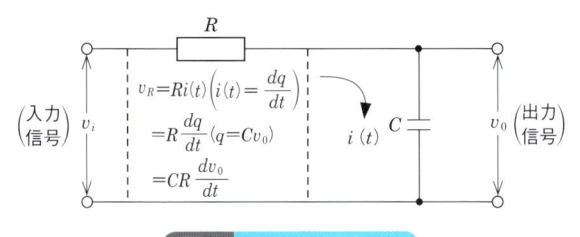

図5　RC 回路

図5から次のような回路方程式が成立する．

$$v_R + v_o = v_i \;\; \to \;\; CR \dfrac{dv_o}{dt} + v_o = v_i \tag{25}$$

式（25）をラプラス変換すると，

$$CR\,sV_o(s) + V_o(s) = V_i(s) \tag{26}$$

式（26）の両辺を $V_o(s)$ で除して式を整理すると，

$$sCR + 1 = \dfrac{V_i(s)}{V_o(s)}$$

$$\therefore \;\; G(s) = \dfrac{V_o(s)}{V_i(s)} = \dfrac{1}{1+sCR} \tag{27}$$

が求まる．

3 周波数伝達関数 $G(j\omega)$ について

要素または系に正弦波信号を入れたとき，定常状態における出力信号 $E_o(j\omega)$ と入力信号 $E_i(j\omega)$ との比を周波数伝達関数 $G(j\omega)$ と定義する．

$$G(j\omega) = \frac{E_o(j\omega)}{E_i(j\omega)} \tag{28}$$

また,伝達関数 $G(s)$ においてラプラス演算子 s を $j\omega$ で置き換えたものが,周波数伝達関数 $G(j\omega)$ である.

例えば,前例の RC 回路では次のようになる.

$$E_i(j\omega) = R \times j\omega C E_o(j\omega) + E_o(j\omega)$$

$$\therefore \quad G(j\omega) = \frac{E_o(j\omega)}{E_i(j\omega)}$$

$$= \frac{1}{1+j\omega CR} \tag{29}$$

式(29)の $j\omega$ を s に置き換えると式(28)になることは一目瞭然である.以上までのことを図に示すと,**図6** のようになる.

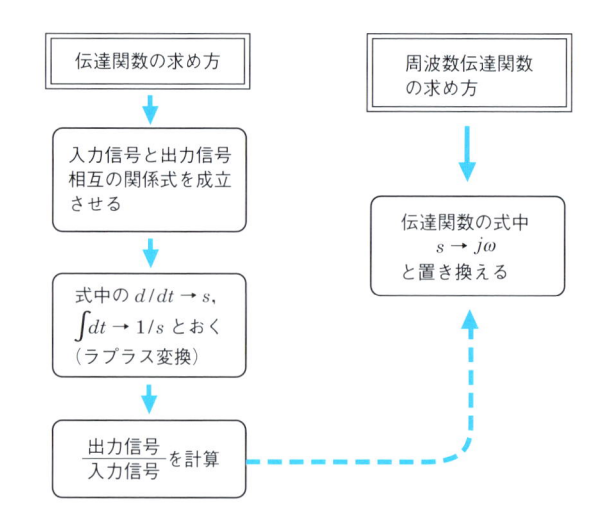

図6 伝達関数の求め方(一般的な方法)

なお,その逆も同じことがいえる.つまり,次のように交流回路網の計算で求める方法もあるということである.

図7 において,正弦波入力電圧 $\dot{V}_i$〔V〕(以降(・)ドットは省略する)の角周波数を $\omega(=2\pi f)$〔rad/s〕とすれば,

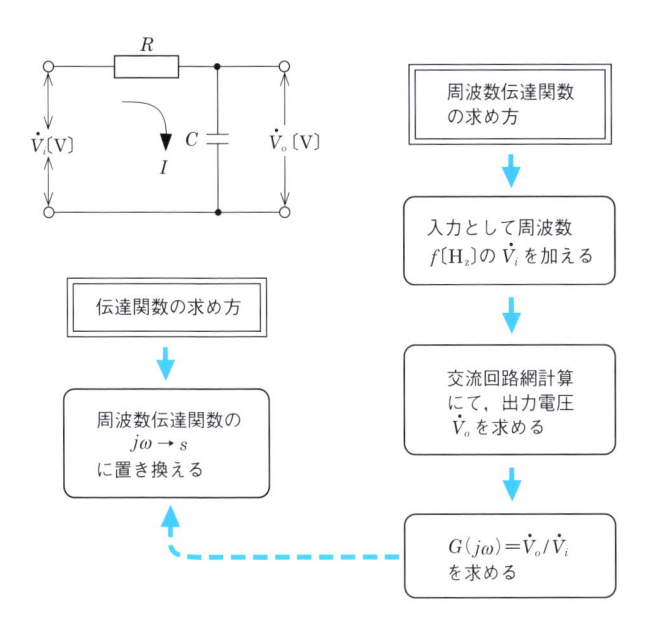

図7 伝達関数の求め方（電気回路で表せる場合）

$$V_o = I \times \left(\frac{1}{j\omega C}\right) = \frac{V_i}{R + \frac{1}{j\omega C}} \times \left(\frac{1}{j\omega C}\right) = \frac{V_i}{1 + j\omega CR} \qquad (30)$$

したがって，求める周波数伝達関数 $G(j\omega)$ は次式のようになる．

$$G(j\omega) = \frac{V_o}{V_i} = \frac{1}{1 + j\omega CR} = \frac{1}{1 + j\omega T} \qquad (31)$$

式（31）において，T：時定数（$= CR$〔s〕）である．
次に伝達関数 $G(s)$ は，式（28）の $j\omega$ を s と置き換え，次の一般式となる．

$$G(s) = \frac{V_o(s)}{V_i(s)} = \frac{1}{1 + sCR} = \frac{1}{1 + sT} = \frac{K}{1 + sT} \qquad (32)$$

ここで，K をゲイン定数という．

例題 5 図 8 に示す他励直流発電機において,界磁電圧 v_f〔V〕を出力信号とする伝達関数 $G(s)$ を求めよ.ただし,界磁巻線の抵抗を R_f〔Ω〕,インダクタンスを L_f〔H〕とする.また,界磁磁束 ϕ〔Wb〕は界磁電流に比例し(比例定数:k_ϕ),発生電圧は界磁磁束に比例する(比例定数:k_g)ものとする.

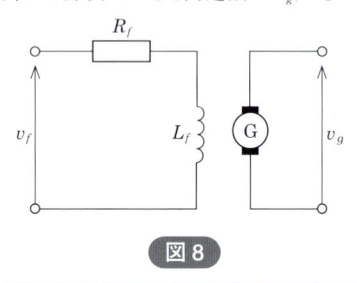

図 8

解答 ① 界磁回路の電流を図 9 に示すように i_f〔A〕とすると,界磁電圧 v_f と界磁電流 i_f の関係は次式のようになる.

$$v_f = R_f i_f + L_f \frac{di_f}{dt} \tag{1}$$

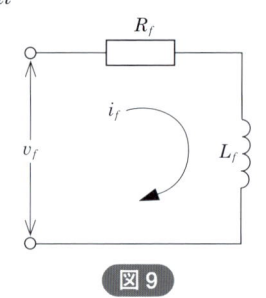

図 9

② 界磁電流 i_f と界磁磁束 ϕ の関係は,題意により,次式のように表せる.
$$\phi = k_\phi i_f \tag{2}$$
③ 界磁磁束 ϕ と出力電圧 v_g の関係は,題意により,次式のように表せる.
$$v_g = k_g \phi \tag{3}$$
したがって,式 (2),(3) より,界磁磁束 ϕ を消去して,
$$v_g = k_g k_\phi i_f \tag{4}$$
④ 式 (1),(4) をラプラス変換すると,次式のようになる.
$$v_f(s) = R_f i_f(s) + sL_f i_f \tag{5}$$
$$v_g(s) = k_g k_\phi i_f(s) \tag{6}$$
式 (5),(6) より $i_f(s)$ を消去すると,
$$v_f(s) = R_f \frac{v_g(s)}{k_g k_\phi} + sL_f \frac{v_g(s)}{k_g k_\phi} = \frac{v_g(s) \times (R_f + sL_f)}{k_g k_\phi}$$

∴ $v_g(s)(R_f + sL_f) = k_g k_\phi v_f(s)$ \hfill (7)

⑤ 伝達関数 $G(s)$ は，$v_g(s)$ と $v_f(s)$ の比であるので，式 (7) から，

$$G(s) = \frac{v_g(s)}{v_f(s)} = \frac{k_g k_\phi}{R_f + sL_f} \hfill (8)$$

が求まる．

問題 5　図 10 の回路において入力電圧 e_1 と出力電圧 e_2 との間の伝達関数 $G(s)$ を求めよ．ただし，すべての初期値は 0 とする．

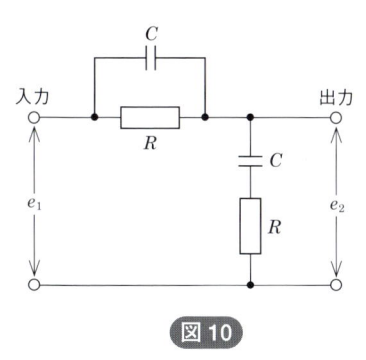

図 10

問題 6　図 11 に示す回路において，入力 E_i に対する出力 E_o の周波数伝達関数 $G(j\omega)$ を求めよ．

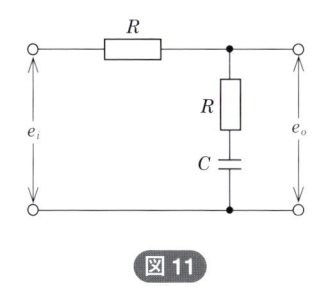

図 11

1章のまとめ

① 制　御
　制御とは,「あらかじめ設定された使命を果たすように対象に所要の操作を加え,その状態や動作を思いどおりに変化させること」である.

② シーケンス制御・フィードバック制御
　シーケンス制御とは「あらかじめ定められた順序に従って,制御の各段階を遂次進めていく制御」である.一方,フィードバック制御とは,制御対象の状態を検出部で検出し,この値を目標値と比較して偏差（ずれ）があれば,これを補正して一致させるような訂正動作を連続的に行う制御方式のことをいい,その制御回路は「閉回路」となり,誤差に対してそれを打ち消すように信号を修正することを,一般に「ネガティブフィードバック」という.

③ フィードバック制御系
・フィードバック制御系は,設定部,調節部,操作部,制御対象,検出部,比較部,制御要素により構成される.また,フィードバック制御系には目標値,基準入力,動作信号,操作量,外乱などの信号がある.
・フィードバック制御系を分類すると,時間的性質,制御量の数,操作エネルギーにより分けられる.
・フィードバック制御を適切に行うためには,状態の変化量（速度）や変化量の変化量（加速度）などの情報を用いることで,より高度な（ダイナミックな）制御目標を実現することができる.
・この変化量（速度）や変化量の変化量（加速度）を微分演算（方程式）によって求めるよりも,微分方程式をいったん代数方程式に変換して解き,これを逆変換して元の解を求め,本質的な計算を代数的に処理する計算手法がラプラス変換である.

1章のまとめ

4 ラプラス変換

・ラプラス変換とは，任意の関数（自動制御や電気ではほとんどの場合，時間関数である）$f(t)$ をもとにして，次式を実行することである．これは，時間 t の関数 $f(t)$ があるとき，この $f(t)$ に ε^{-st} を掛け，これを時間について 0 から ∞ まで積分すると $F(s)$ を得るもので，この $F(s)$ を $f(t)$ のラプラス変換という．

$$F(s) = \int_0^\infty \varepsilon^{-st} f(t) dt$$

・ラプラス変換の基本的な定理には，最終値定理，初期値定理がある．

関数 $y = f(x)$ を思い出そう

「関数」というだけで鳥肌が立つ方がおられるかと思う．つまり，「x を決めると y が決まる」「y は x の関数である」「式で表すと $y = f(x)$ となる」などがキーワードとなる．

では，「入口→仕掛けの箱→出口」を考え，箱の中に何かの仕掛けがあることを想像してみる（準備 OK!!）．

① 入口（入力）に 1〔A〕を入れる．
　→出口（出力）から電圧 7〔V〕が出てきた．
② 入口（入力）に 2〔A〕を入れる．
　→出口（出力）から電圧 14〔V〕が出てきた．
③ 入口（入力）に 3〔A〕を入れる．
　→出口（出力）から電圧 21〔V〕が出てきた．
　―以下同じ―

もうおわかりであろう．仕掛けの箱の中身は「$7\,x$」である．これを式で表現すれば，
$$y = 7\,x$$
となり，「電圧 y は電流 x の関数である」と表され，さらに，抵抗 R を 7〔Ω〕として，y を V に，x を I に置き換えれば，
$$V = RI = 7 \times I$$
として皆さんおなじみのオームの法則で表される．これを関数として表現すると，
$$V = f(I)$$
となる訳である．

関数は英語で「function（ファンクション）」という．つまり，$f(x)$ の f は頭文字をとったものである．辞書で意味を調べてみると「機能」と出てきた．ラプラスはこの機能を上手く使いこなせるよう頭を変身？それとも変換？させたのであろうか．

2章 伝達関数とブロック線図

　自動的に所望の動作を実行する自動制御装置は，複数の制御要素が組み合わされて構成される．そしてこれら複数の制御要素の間に信号が伝達され，所定の制御動作を実行する．このような自動制御装置の各制御要素の組合せおよび信号の流れを，わかりやすく記述したものがブロック線図である．また制御要素に入力された信号は，この制御要素によって目的とする信号に変換されて出力される．この入力信号と出力信号との関係を表したものが伝達関数である．

2章 伝達関数とブロック線図

1 伝達関数の定義

　例えば a を定数とし，x および y を変数とする一次関数 $y = ax$ があるとする．この一次関数は，変数 x が変化するとその従属変数である y は，**図1** のグラフに示されるように変化する直線として表すことができる．

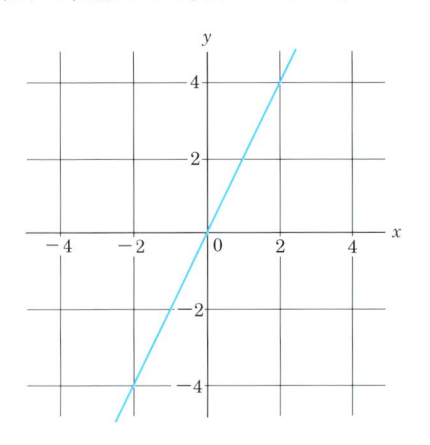

図1 $y = 2x$ のグラフ

　数学で従属変数 y は，変数 x の関数であるとして，$y = f(x)$ として表す．この f は，function（関数）の頭文字をとったものである．この関係は，**図2** に示すように関数を箱（ボックス）で示し，この箱に変数 x を与えると，その結果として y が出力されることとして模式的に示すことができる．ここで，この関数に x を与えたとき（入力）その結果として y が得られた（出力）とすると，この関数は，$y/x =$ 出力/入力として導くことができる．

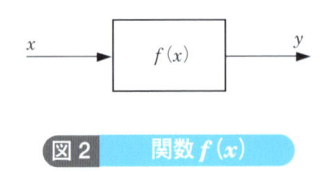

図2 関数 $f(x)$

伝達関数の定義 1

　ところで，図3に示すようにある制御装置があり，この制御装置に時間関数として入力信号 $x(t)$ が与えられ，その出力信号として時間関数 $y(t)$ が得られたとする．ここで，前述した数学の関数の考え方を導入すると，この制御装置の関数に相当するものは，出力信号／入力信号＝$y(t)/x(t)$ として求めることができる．このように考えると，制御装置に与えられる入力信号と出力信号との関係を用いて，制御装置の関数を求めることができる．この関数は，自動制御の分野において**伝達関数**（transfer function）といわれている．

$$x(t) \rightarrow \boxed{制御装置} \rightarrow y(t)$$

図3　制御装置

　伝達関数は，1章で学習したラプラス変換を用いて表される．具体的には，制御装置に与えられる時間関数 $x(t)$ および $y(t)$ をそれぞれラプラス変換し，s 領域の値である $X(s)$，$Y(s)$ に変換する．すると伝達関数 $G(s)$ は，

$$G(s) = Y(s)/X(s) \tag{1}$$

として求めることができる．ちなみにこの式の s は，**ラプラスの演算子**である．
　また式（1）を変形すると，伝達関数に与えた入力信号からどのような出力信号が得られるかを求めることができる．つまり，出力信号 $Y(s)$ は，

$$Y(s) = G(s)X(s) \tag{2}$$

となる．このように伝達関数は，数学の関数と同様に式を変形して利用することができる．
　なお，式（2）で示される $Y(s)$ を時間関数 $y(t)$ に戻すには，逆ラプラス変換を施せばよい．

$$y(t) = \mathscr{L}^{-1}[Y(s)] = \mathscr{L}^{-1}[G(s) \cdot X(s)] \tag{3}$$

関　数

　関数は，昔は「函数」と呼ばれていた．函数の「函」は「はこ」であり，まさしく図2のように考えていたことが理解される．

2 基本的伝達要素と伝達関数

❶ 比例要素

　入力信号に比例した信号を出力する要素が，**比例要素**（proportional element）である．例えば図1に示すように，抵抗 R に電流 $i(t)$ が流れるとき，抵抗 R の両端の電圧 $e(t)$ は，電流の大きさに比例し，$e(t) = Ri(t)$ となる．あるいは，図2に示すように，バネ定数 k のバネに力 $f(t)$ を作用させたとき，その長さが $x(t)$ だけ変位したとすると，力 $f(t)$ は，フックの法則からバネの長さ $x(t)$ に比例して，$f(t) = kx(t)$ で求めることができる．このように，時間的に変化する物理量をその結果として時間に比例した値として出力する要素が比例要素である．

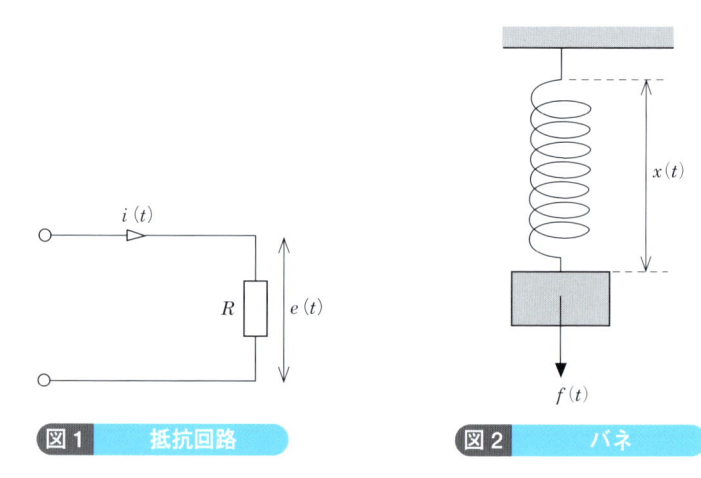

図1　抵抗回路

図2　バネ

　ここで図3に示すように比例要素を模式的に描き，比例要素に与える入力信号を $x(t)$，比例定数を K_P とすれば，比例要素から出力される信号 $y(t)$ は，次式で示すことができる．

$$y(t) = K_P x(t) \qquad (1)$$

　式(1)の比例定数は**比例感度**（proportional

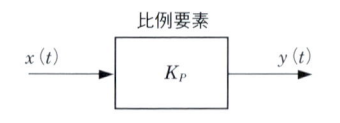

図3　比例要素

sensitivity）と呼ばれ，比例感度 K_P の逆数は**比例帯**（proportional band）と呼ばれている．また，初期値を 0 として式（1）をラプラス変換すると次式が得られる．

$$Y(s) = K_P X(s) \tag{2}$$

比例要素は，比例感度を大きくすれば制御系の応答速度を速めることができるものの，安定性が悪化する．また，比例要素単独では定常位置偏差（オフセット：5 章の 3 節：制御系の定常特性を参照）が生じる．このため通常は，比例要素が単独で用いられることはない．

2 積分要素

入力信号を積分した信号を出力する要素が**積分要素**（integral element）である．例えば図 4 に示すように，コンデンサ C に電流 $i(t)$ を流して充電することを考えてみる．このとき，コンデンサ C の両端の電圧 $e(t)$ は，電流 $i(t)$ を時間 t で積分した値であり，次式で求めることができる．

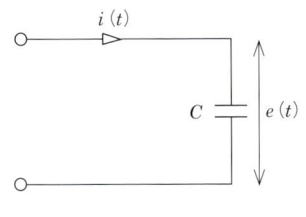

図 4　コンデンサ回路

$$e(t) = \frac{1}{C} \int i(t) dt \tag{3}$$

あるいは，図 5 に示すように流量 $q(t)$ の水を流して底面積 S の水槽を満たす液面系があるとき，蓄えられた水の高さ $h(t)$ は，

$$h(t) = \frac{1}{S} \int q(t) dt \tag{4}$$

として求めることができる．

このように，時間的に変化する物理量を，その結果として時間で積分した値を出力する要素が積分要素である．

ここで，式（3），（4）をそれぞれラプラス変換すると，次式が得られる．

$$E(s) = \frac{1}{Cs} I(s) \tag{5}$$

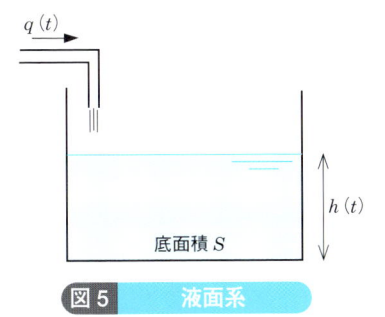

図 5　液面系

$$H(s) = \frac{1}{Ss} Q(s) \tag{6}$$

一般的に，図 6 に示す積分要素に与えられる入力信号を $x(t)$，比例定数を R とすれば，出力信号 $y(t)$ は次式で示すことができる．

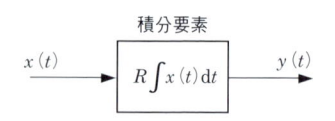

$$y(t) = R \int x(t) dt \tag{7}$$

図 6　積分要素

したがって，この式をラプラス変換すると次式が得られる．

$$Y(s) = \frac{R}{s} X(s) = \frac{1}{T_I s} X(s) \tag{8}$$

ただし，$T_I = 1/R$

ここで，積分要素の伝達関数を $G_I(s)$ とすれば，$G_I(s)$ は入力 $X(s)$ と出力 $Y(s)$ の関係を用いて，次式で示されるように表すことができる．

$$G(s) = \frac{Y(s)}{X(s)} = \frac{1}{T_I s} \tag{9}$$

この式の T_I を**積分時間**（integral action time）といい，その逆数（$R = 1/T_I$）を**リセット率**（reset rate）という．

積分要素は，後述する微分要素で生じるオフセット（定常偏差）を 0 にすることができる．しかし積分要素は，安定度が悪化するので単独で用いられることが少なく，通常，比例要素と組み合わせて用いられる（PI 動作：7 章を参照）．

なお，目標値が変化した直後の積分要素の出力量は小さいため，制御遅れが生じる．

❸ 微分要素

入力信号を微分した信号を出力する要素が**微分要素**（differentiating element）である．

例えば，図 7 に示すようにリアクタンス L に電流 $i(t)$ を流したとき，その両端に生じる電圧 $e(t)$ は，

$$e(t) = L \frac{di(t)}{dt} \tag{10}$$

となる．この式をラプラス変換すると次式が得られる．

$$E(s) = LsI(s) \tag{11}$$

微分要素は，このように時間的に変化する量をその結果として時間で微分した値を出力する要素である．

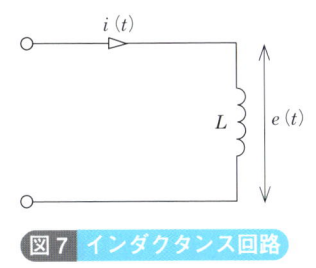

図7　インダクタンス回路

一般的に，図8に示す微分要素に与えられる入力信号を $x(t)$，比例定数を T_D とすれば，出力信号 $y(t)$ は次式で求めることができる．

$$y(t) = T_D \frac{dx(t)}{dt} \tag{12}$$

この式をラプラス変換すると，次式が得られる．

$$Y(s) = sT_D X(s) \tag{13}$$

ここで微分要素の伝達関数を $G_D(s)$ とすれば，入力 $X(s)$ と出力 $Y(s)$ の関係を用いて，次式で表すことができる．

$$G_D(s) = \frac{Y(s)}{X(s)} = T_D s \tag{14}$$

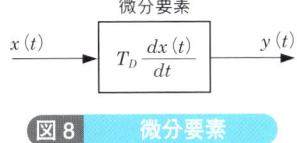

図8　微分要素

この式の T_D は，**微分時間**（derivative action time）または**レートタイム**（rate time）と呼ばれる．

微分要素は，目標値のずれからの回復を早くするため，そのずれの速度に比例した操作量を出力する役割を担う．微分要素は，制御系の制御遅れや過渡特性を改善することができるが，微分要素の動作を強くしすぎると，安定度が悪化するという懸念がある．したがって，比例要素，積分要素および微分要素を制御装置

に適用する場合，これら各要素間の調整（チューニング）が行われる．

❹ 一次遅れ要素

一次遅れ要素は，入出力の関係が線形1階微分方程式で表される伝達要素である．言い換えると，伝達関数 $G(s)$ が s の一次式で表される要素は一次遅れ要素である．つまり一次遅れ要素の伝達関数を $G(s)$ とすれば，その一般式は，次式で示すことができる．

$$G(s) = \frac{K}{1+Ts} \tag{15}$$

この式（15）の K は比例定数であり，T は**時定数**と呼ばれる．時定数は，入力信号に対する出力信号の遅延時間，すなわち一次遅れ要素の応答時間を表すパラメータである．つまり，時定数が小さいとその応答は速く，逆に大きいと応答は遅くなる．

一次遅れ要素には，例えば**図9**に示すように，抵抗 R とコンデンサ C を直列に接続した回路がある．

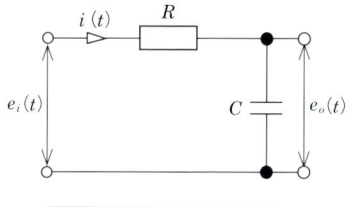

図9 *RC 回路*

この回路において流れる電流を $i(t)$ とすれば，入力電圧 $e_i(t)$ および出力電圧 $e_o(t)$ は，それぞれ次式に示すようになる．

$$e_i(t) = Ri(t) + \frac{1}{C}\int i(t)\,dt \tag{16}$$

$$e_o(t) = \frac{1}{C}\int i(t)\,dt \tag{17}$$

ここで式（16），（17）にラプラス変換を施すと，次式が得られる．

$$E_i(s) = RI(s) + \frac{1}{Cs}I(s) \tag{18}$$

$$E_o(s) = \frac{1}{Cs}I(s) \tag{19}$$

したがって，この回路の伝達関数 $G(s)$ は，

$$G(s) = \frac{E_o(s)}{E_i(s)} = \frac{\frac{1}{Cs}I(s)}{RI(s)+\frac{1}{Cs}I(s)} = \frac{1}{1+CRs} = \frac{K}{1+Ts} \quad (20)$$

となり,式(15)に示した一次遅れ要素の一般形が導かれ,RC回路が一次遅れ要素であることがわかる.

なお,式(20)のCRが時定数Tである.

5 二次遅れ要素

図10で示される二次振動形(二次遅れ要素)の伝達関数$G(s)$の一般式は,固有角周波数をω_n,減衰係数をζとすると,

$$G(s) = \frac{Y(s)}{X(s)} = \frac{\omega_n^2}{s^2+2\zeta\omega_n s+\omega_n^2} \quad (21)$$

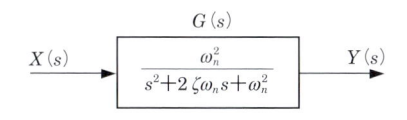

図10 二次振動系

で表すことができる.二次振動形は,式(21)の減衰係数ζの値によって,次のように四つの状態をとる.

(1) $\zeta=0$のとき:持続振動または単振動
(2) $0<\zeta<1$のとき:不足制動
(3) $\zeta=1$のとき:臨界制動
(4) $\zeta>1$のとき:過制動

なお$\zeta>1$の場合は,二つの一次遅れ要素を直列に接続したものと等価となり(図11),システム全体の伝達関数$G(s)$は,それぞれの伝達関数の積として求めることができる.

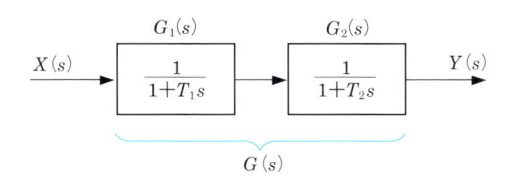

図11 二次遅れ要素(一次遅れ要素の直列接続)

$$G(s) = G_1(s)\,G_2(s) = \frac{1}{1+T_1 s} \cdot \frac{1}{1+T_2 s} = \frac{1}{(1+T_1 s)(1+T_2 s)} \tag{22}$$

ζ の値をパラメータとし，入力信号として図 **12** に示す**単位階段関数**（unit step function）を与えたときの応答を時間領域で示した出力信号 $y(t)$ は，図 **13** に示すようになる．この図に示されるように $\zeta=1$ のとき，最も速く目標値（ここでは 1.00 としている）に到達する．また，$0<\zeta<1$ のときは，一定周期の振動が発生する．この振動の周期 T〔s〕は，固有角周波数 ω_n〔rad/s〕の逆数として導くことができる．

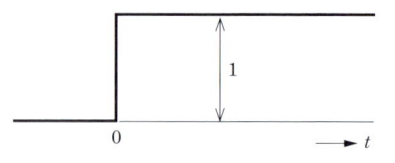

図 12 単位ステップ信号

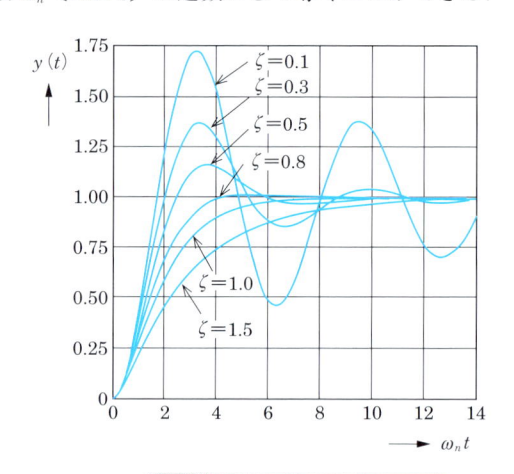

図 13 二次遅れ系の応答波形

例題 1 図 **14** に示す RLC 回路に電圧 $e(t)$ を与えたとき，回路を流れる電流 $i(t)$ との関係を伝達関数で表せ．

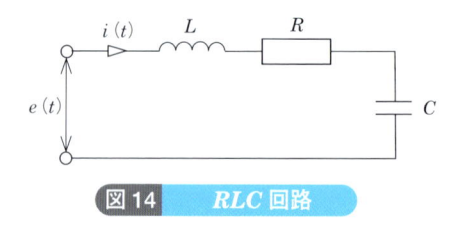

図 14 RLC 回路

解答 この回路において，次式に示す回路方程式が成立する．

$$L\frac{di(t)}{dt} + Ri(t) + \frac{1}{C}\int i(t)\,dt = e(t)$$

この式をラプラス変換すると次式が得られる．

$$sLI(s) + RI(s) + \frac{1}{Cs}I(s) = E(s)$$

$$\left(sL + R + \frac{1}{Cs}\right)I(s) = E(s)$$

$$(LCs^2 + RCs + 1)I(s) = CsE(s)$$

よって，伝達関数 $G(s)$ は次式となる．

$$G(s) = \frac{I(s)}{E(s)} = \frac{Cs}{LCs^2 + RCs + 1} \qquad (答)$$

一次遅れ要素と二次遅れ要素

　一次遅れ要素および二次遅れ要素は，式（15）および式（21）にそれぞれ示されるように分母が s の一次式または二次式で表されていることがわかる．この s の次数は，遅れ要素の次数に等しい．また，これらの要素が，遅れ要素と呼ばれるのは，入力信号に対して出力信号の応答が遅れるからである．

　一次遅れ要素としては，例えば RC 回路，流出口のある水槽や熱回路などがある．この要素は，入力信号に変化を与えても，やがてある一定の出力信号（出力状態）に落ち着く．これを自己制御性または自己平衡性があるという．

　一方，二次遅れ要素には，例えば RLC 回路や1自由振動系（図2に示すバネの振動）がある．この要素は，まさにバネが振動するような挙動を示す（図13を参照）．

　二次遅れ要素は，一次遅れ要素のような自己平衡性はなく，減衰係数 ζ の値によって出力信号の変化が異なるという特徴がある．

3 ブロック線図と等価変換

1 ブロック線図

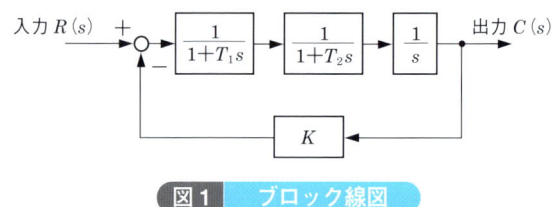

図1 ブロック線図

　伝達関数は，初期状態を0として入力信号および出力信号をそれぞれラプラス変換し，その比を表したものである．ブロック線図は，伝達要素に入出力される信号の流れを線で結びつけて描いた，例えば**図1**に示したような図のことをいう．

表1 ブロック線図

	ブロック線図の表記方法	意 味
伝達要素と信号の流れ	伝達関数（伝達要素）　$R(s) \to \boxed{G(s)} \to C(s)$	$C(s) = G(s) \cdot R(s)$
加え合わせ点	$A(s) \xrightarrow{+} \bigcirc \to C(s)$，$B(s) \xrightarrow{\pm}$	$C(s) = A(s) \pm B(s)$
引き出し点	$A(s) \to \bullet \to A(s)$，$\downarrow A(s)$	$A(s) = A(s)$

ブロック線図は，**表1**に示すように伝達要素をブロックで描き，信号の流れをこの信号の流れに合わせた矢印で表記する．

複数の信号を合成する場合は，**加え合わせ点**を用いる．信号 $A(s)$ に信号 $B(s)$ を加える場合，表1に示したように矢印の近傍に信号 $A(s)$ は「＋」，$B(s)$ も「＋」としてそれぞれ記す．一方，信号 $A(s)$ と信号 $B(s)$ の差 $A(s)-B(s)$ を出力する場合，$B(s)$ の矢印に近傍に「－」を記す．

また複数の要素に信号を分岐して与える場合，**引き出し点**を用いる．引き出し点で分岐される信号は，分岐される信号の数によらず，すべて等しい信号が分岐される．

2 ブロック線図の等価変換

制御システムが複雑になると，多くの伝達関数（伝達要素）が組み合わされたブロック線図になる．このため，ブロック線図で表された制御システムの動きを変えることなく，等価的にわかりやすくなるように描き直すことが行われる．これがブロック線図の等価変換である．

この等価変換には，いくつかの基本的なルールがある．

1 直列接続

図2に示すように伝達要素を直列に接続したとき，その合成伝達関数を求める．この図において次式が成立する．

$$Z(s) = G_1(s)X(s) \tag{1}$$

$$Y(s) = G_2(s)Z(s) \tag{2}$$

式 (1)，(2) から，この制御系全体の伝達関数 $G(s)$ は次のようにして求めることができる．

$$Y(s) = G_2(s)Z(s) = G_2(s)G_1(s)X(s)$$

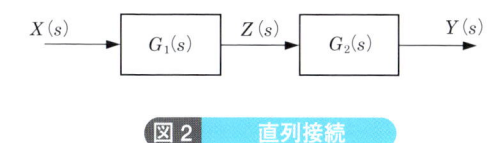

図2　直列接続

$$\therefore G(s) = \frac{Y(s)}{X(s)} = \frac{G_2(s)Z(s)}{X(s)} = \frac{G_1(s)G_2(s)X(s)}{X(s)}$$
$$= G_1(s)G_2(s) \tag{3}$$

したがって，二つの伝達要素を直列に接続したときの合成伝達関数は，それぞれの伝達関数の積を求めることによって得ることができる．もちろんこの関係は，伝達要素が二つより多い場合でも成立する．

2 並列接続

伝達要素を図3に示すように並列に接続したとき，その合成伝達関数を求めてみよう．この図において次式が成立する．

$$Z_1(s) = G_1(s)X(s) \tag{4}$$
$$Z_2(s) = G_2(s)X(s) \tag{5}$$

式（4），（5）から，この制御系の伝達関数 $G(s)$ は，次のようになる．

$$Z_1(s) \pm Z_2(s) = G_1(s)X(s) \pm G_2(s)X(s)$$
$$= \{G_1(s) \pm G_2(s)\}X(s)$$
$$\therefore G(s) = \frac{Z_1(s) \pm Z_2(s)}{X(s)} = \frac{G_1(s)X(s) \pm G_2(s)X(s)}{X(s)}$$
$$= G_1(s) \pm G_2(s) \tag{6}$$

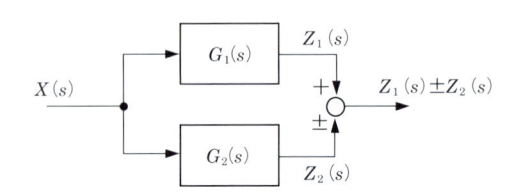

図3　並列接続

したがって，二つの伝達要素を並列に接続したときの合成伝達関数は，それぞれの伝達関数の代数和を計算すれば導くことができる．これは，伝達要素が二つより多い場合でも成立する．

3 フィードバック接続

伝達要素を図4に示すように接続した形態を，**フィードバック接続**という．フィードバック接続において次式が成立する．

$$Y(s) = G(s)E(s) \tag{7}$$

図4 フィードバック制御

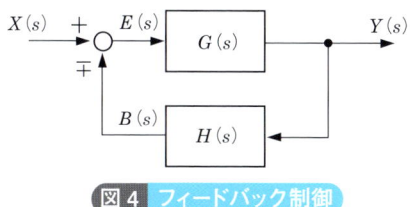

$$E(s) = X(s) \mp B(s) \tag{8}$$
$$B(s) = H(s)Y(s) \tag{9}$$

式（7）〜（9）からフィードバック接続した制御系の伝達関数 $W(s)$ を求めると，次のようになる．

$$Y(s) = G(s)\{X(s) \mp H(s)Y(s)\}$$

$$\therefore \quad W(s) = \frac{Y(s)}{X(s)} = \frac{G(s)}{1 \pm G(s)H(s)} \tag{10}$$

フィードバック接続した制御系の伝達関数は，次のように考えると容易に導くことができる．**図5**に示すように入力から出力に向かう伝達関数と，フィードバックループの1箇所を切り開いて，一筆書きして得られる伝達関数をそれぞれ考える．前者で示される伝達関数を**前向き伝達関数**，後者で示される伝達関数を**一巡伝達関数**という．

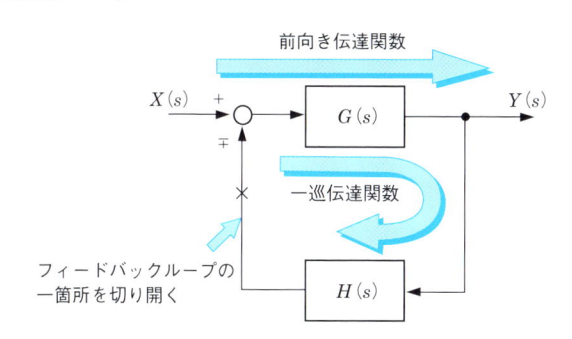

図5 前向き伝達関数と一巡伝達関数

図5で，前向き伝達関数は $G(s)$ であり，一巡伝達関数は $G(s)H(s)$ である．分母の符号に注意すれば，フィードバック系の伝達関数 $W(s)$ は，

（a）ネガティブフィードバック （b）ポジティブフィードバック

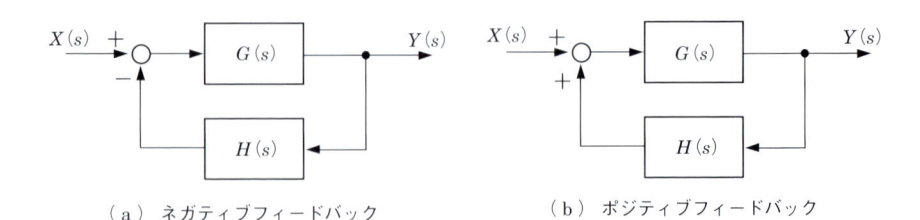

図6 フィードバック接続

$$W(s) = \frac{\text{前向き伝達関数}}{1 \pm \text{一巡伝達関数}} \tag{11}$$

として求めることができる．なお，分母の符号は，図6に示すように加え合わせ点に与えられる主フィードバック信号が負の場合「＋」となり，正の場合「－」になる．前者を負帰還または**ネガティブフィードバック**（negative feedback），後者を正帰還または**ポジティブフィードバック**（positive feedback）という．

自動制御系におけるフィードバック接続は，もっぱらネガティブフィードバックが主体であり，ポジティブフィードバックは，発振回路などに適用される．

4 等価変換法則

前述した等価変換のほか，代表的な等価変換法則を例題によって確かめてみる．

発振回路

発振回路は，ポジティブフィードバックを施した回路である．発振回路には，図6（b）に示す $X(s)$ に相当する入力信号を特に与えないが電源を入れたときの電気的ショックや雑音などが最初の入力信号にとなって発振が開始される．このとき入力される信号が微小であっても，この信号は増幅回路（$G(s)$ が相等する）によって増幅される．増幅された信号は帰還回路（$H(s)$ が相等する）によって再び入力に戻される．戻された信号は，さらに増幅されるので，より大きな信号が出力される．以降，この動作が繰り返されるので発振回路は，入力信号がなくなっても帰還信号だけで増幅動作を継続する．これが発振回路の原理である．

ただし，帰還された信号は無限の大きさまで増幅されることはなく，一定の振幅値に落ち着く．これは，増幅回路の非直線性や飽和特性によるものである．

ブロック線図と等価変換 3

例題2 ブロック線図の等価変換を示す図7の関係のうちで、誤っているものはどれか。

(1) $R(s) \to G_1(s) \to G_2(s) \to C(s)$ $\Rightarrow$ $R(s) \to G_1(s)G_2(s) \to C(s)$

(2) 図(フィードバック構成) $\Rightarrow$ 等価変換図($1/G(s)$ を用いた構成)

(3) 図(フィードバック構成) $\Rightarrow$ 等価変換図($1/G(s)$ を用いた構成)

(4) $G_1(s)$ と $G_2(s)$ の並列(差)接続 $\Rightarrow$ $R(s) \to G_1(s)-G_2(s) \to C(s)$

(5) 加算点の変換

図7 ブロック線図の等価変換

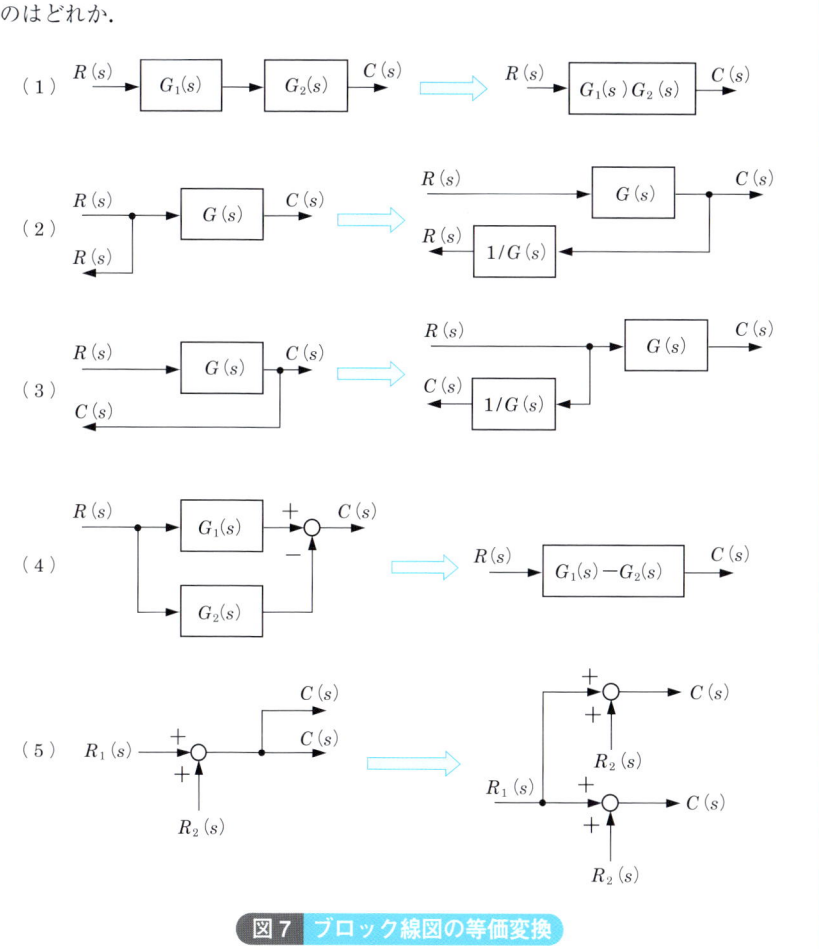

解答 図7の(3)以外は、正しい等価変換を示している。(3)は、図8に示されるように変換されなければならない。

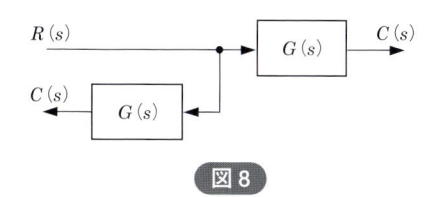

図8

4 フィードバック制御系の構成

ここでは，前述したブロック線図の等価変換を用いて複雑な制御系を簡単化することを学習しよう．

例えば**図1**に示されるように，フィードバックループの中にさらにフィードバックループが構成されている二重ループ系における全体の伝達関数 $W(s)$ を求めてみる．

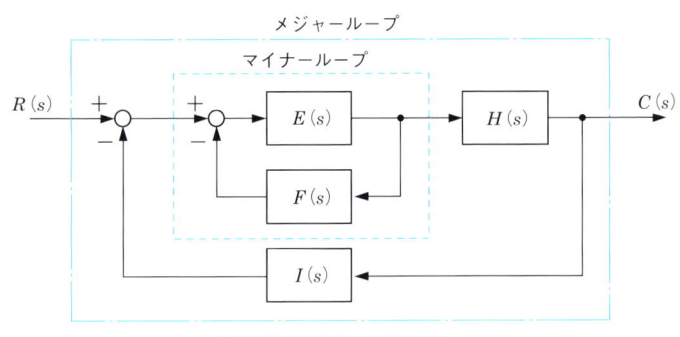

図1 二重ループ系

(1) まず内側のフィードバックループ（これを**マイナーループ**：minor loop という）を簡単化すると，このループの伝達関数 $G(s)$ は次式となる．

$$G(s) = \frac{E(s)}{1 + E(s)F(s)} \tag{1}$$

したがって，内側のフィードバックループは，**図2**に示すように等価変換

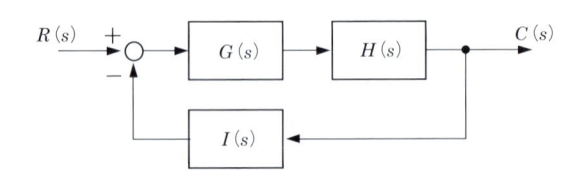

図2 等価変換して簡単化したブロック線図

することができる．

(2) 次に，$G(s)$ を含む外側のフィードバックループ（これを**メジャーループ**：major loop という）を簡単化する．前向き伝達関数は $G(s)H(s)$ であり，一巡伝達関数は $G(s)H(s)I(s)$ である．したがって，全体の伝達関数 $W(s)$ は次のようにして求めることができる．

$$W(s) = \frac{G(s)H(s)}{1+G(s)H(s)I(s)} = \frac{\dfrac{E(s)}{1+E(s)F(s)}H(s)}{1+\dfrac{E(s)}{1+E(s)F(s)}H(s)I(s)}$$

$$= \frac{E(s)H(s)}{1+E(s)F(s)+E(s)H(s)I(s)} \tag{2}$$

> **例題 3** 図 3 に示されるブロック線図で表される定値制御系がある．外乱 $D(s)$ に対する制御量 $C(s)$ の伝達関数 ($C(s)/D(s)$) を示す式を求めよ． 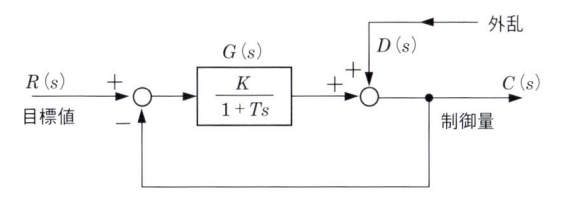
>
> 図3 外乱が印加された定値制御系

解答 外乱 $D(s)$ に対する制御量 $C(s)$ の伝達関数 $C(s)/D(s)$ を求めるために目標値 $R(s)=0$ としてブロック線図を描き直すと，図 4 に示すようになる．この図から伝達関数を求める．

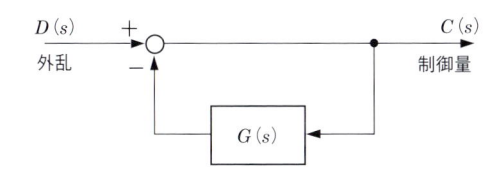

図4 外乱を入力として描き直したブロック線図

$$C(s) = D(s) - G(s)\,C(s)$$
$$C(s)\{1+G(s)\} = D(s)$$
$$\therefore \quad \frac{C(s)}{D(s)} = \frac{1}{1+G(s)} = \frac{1}{1+\dfrac{K}{1+Ts}} = \frac{1+Ts}{1+K+Ts} \quad \text{(答)}$$

問題 1 図5に示すようなブロック線図で表されたフィードバック制御系がある．閉路系の伝達関数 $W(s)$ は一次遅れ要素となるが，この場合のゲインおよび時定数を求めよ．

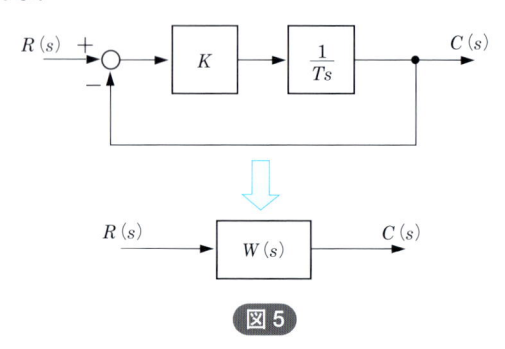

図 5

問題 2 図6のブロック線図に示す制御系において，$R(s)$ と $C(s)$ 間の合成伝達関数 $C(s)/R(s)$ を示す式を求めよ．

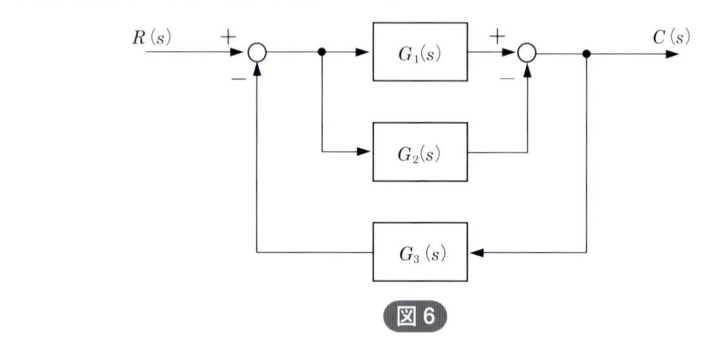

図 6

フィードバック制御系の構成 4

問題 3 図7のブロック線図で示される制御系がある．入力信号 $R(s)$ と出力信号 $C(s)$ 間の合成伝達関数 $C(s)/R(s)$ を示す式を求めよ．

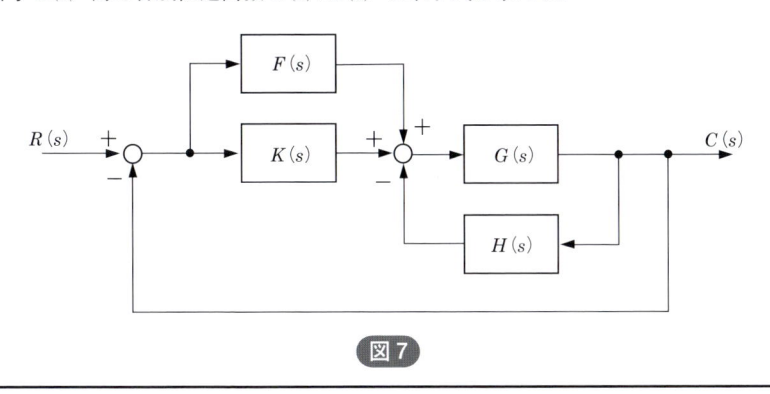

図7

問題 4 図8で示されるフィードバック制御系がある．この系の伝達関数を $\dfrac{Y(s)}{X(s)} = \dfrac{\omega_n^2}{s^2 + 2\zeta\omega_n s + \omega_n^2}$ と表した場合，固有角周波数 ω_n および減衰係数 ζ の値を求めよ．

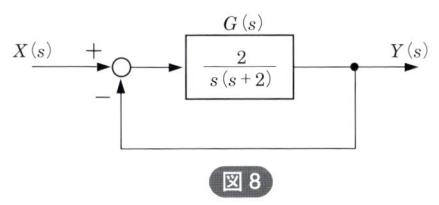

図8

2章のまとめ

1 伝達関数の定義
　伝達関数は，制御要素（制御系）に入力される信号（入力信号）と，この制御系から出力される信号（出力信号）との比（出力信号／入力信号）で表される．

2 基本的伝達要素と伝達関数
　基本的制御要素には，比例要素，積分要素および微分要素がある．これらの制御要素を組み合わせて，一次遅れ要素や二次遅れ要素が構成される．

3 ブロック線図と等価変換
　ブロック線図を用いれば，制御系の伝達関数と信号の流れをわかりやすく示すことができる．また複数の伝達要素が組み合わされて構成される制御系であっても，等価変換して簡単化することができる．

4 フィードバック制御系の構成
　出力信号を入力側に戻して構成された制御系であって，複数のループから構成される制御系もある．

3章 周波数応答

　制御系や伝達要素に正弦波交流を入力したときにおける制御系の応答が周波数応答である．制御系の周波数応答を調べることによって制御系の特性を捉えることができ，また制御系が安定に作動するかどうかを調べることができる．
　この章では，制御系の周波数応答を導くための周波数伝達関数の定義や，制御系の挙動を図式化して表す方法について説明する．

3章 周波数応答

1 周波数応答とは

❶ 周波数伝達関数

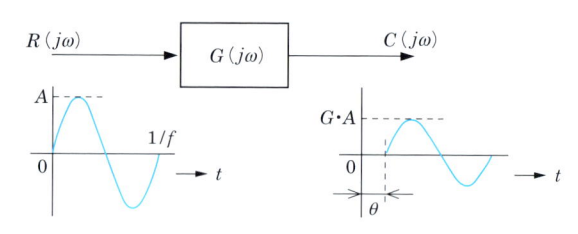

図1 周波数伝達関数

図1に示す伝達関数に，大きさA，角周波数ω（周波数f）の正弦波交流を入力すると，大きさが$G \cdot A$，位相がθだけ変化した角周波数ω（周波数f）の正弦波交流信号が出力される（この図では位相が遅れるものとして描いてある）．

制御系に入力した角周波数ωの正弦波交流信号を$R(j\omega)$とし，制御系から出力される角周波数ωの正弦波交流信号を$C(j\omega)$として，$R(j\omega)$と$C(j\omega)$との関係を表したものを**周波数伝達関数**という．

すなわち周波数伝達関数を$G(j\omega)$とすれば，次式で示すようになる．

$$周波数伝達関数\ G(j\omega) = \frac{C(j\omega)}{R(j\omega)} \tag{1}$$

❷ 周波数伝達関数の求め方

① RL回路の周波数伝達関数

具体的に，図2に示すRL回路の周波数伝達関数を求めてみよう．入力信号を$E_i(j\omega)$，出力信号を$E_o(j\omega)$とし，回路に流れる電流を$I(j\omega)$とすると，この回路において次式に示す回

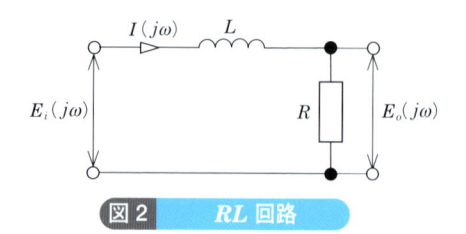

図2 RL回路

路方程式が成立する．

$$E_i(j\omega) = j\omega L I(j\omega) + RI(j\omega) \tag{2}$$

$$E_o(j\omega) = RI(j\omega) \tag{3}$$

したがって，周波数伝達関数 $G(j\omega)$ は，次のように求まる．

$$G(j\omega) = \frac{E_o(j\omega)}{E_i(j\omega)} = \frac{RI(j\omega)}{j\omega L I(j\omega) + RI(j\omega)}$$

$$= \frac{R}{R + j\omega L} = \frac{1}{1 + j\omega(L/R)} \tag{4}$$

ちなみに式 (4) の $j\omega$ を s とおけば，伝達関数を得ることができる．

$$G(s) = \frac{1}{1 + s(L/R)} = \frac{1}{1 + sT} \tag{5}$$

この式の $T = L/R$ は**時定数**とよばれ，その単位は〔s〕（秒）で示される（時定数については，2章の2節：基本的伝達要素と伝達関数を参照のこと）．

周波数伝達関数は，このように回路に流れる電流を仮定して，入力電圧と出力電圧を表す式を立てた後，それらの電圧の関係式から出力電圧／入力電圧を求めれば導くことができる．

2 RC 回路の周波数伝達関数

RC 回路の場合も同様に，回路に流れる電流を定めて回路方程式を立てれば，周波数伝達関数を求めることができる．例えば，**図3**に示す RC 回路の回路方程式は，次式に示すようになる．

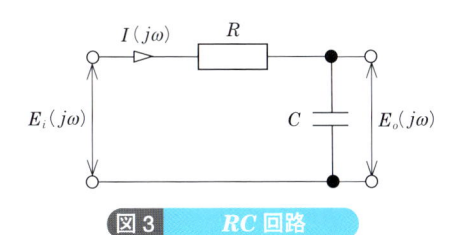

図3 RC 回路

$$E_i(j\omega) = RI(j\omega) + \frac{1}{j\omega C} I(j\omega) \tag{6}$$

$$E_o(j\omega) = \frac{1}{j\omega C} I(j\omega) \tag{7}$$

したがって，周波数伝達関数 $G(j\omega)$ は，次のように求まる．

$$G(j\omega) = \frac{E_o(j\omega)}{E_i(j\omega)} = \frac{\frac{1}{j\omega C}I(j\omega)}{RI(j\omega) + \frac{1}{j\omega C}I(j\omega)} = \frac{1}{1+j\omega CR} \tag{8}$$

ところで，式 (4) は次のように変形して表すことができる．

$$G(j\omega) = |G(j\omega)|\angle \tan^{-1}\theta = \frac{1}{\sqrt{1+(\omega L/R)^2}} \angle -\tan^{-1}\frac{\omega L}{R}$$

$$= \frac{R}{\sqrt{R^2+(\omega L)^2}} \angle -\tan^{-1}\frac{\omega L}{R} \tag{9}$$

この式は，周波数伝達関数 $G(j\omega)$ の大きさ $|G(j\omega)| = \frac{R}{\sqrt{R^2+(\omega L)^2}}$ と，位相角 $\angle G(j\omega) = \angle -\tan^{-1}\frac{\omega L}{R}$ からなっている．つまり式 (9) は，大きさと向きを有する物理量を示している．すなわち周波数伝達関数 $G(j\omega)$ は，ベクトルであることを意味している．なお，式 (9) の $|G(j\omega)|$ は，周波数伝達関数のゲインと呼ばれる．

　周波数伝達関数 $G(j\omega)$ を，横軸が実数（実軸），縦軸が虚数（虚軸）の複素座標（ガウス座標ともいう）に表すと，**図 4** に示すベクトル図が得られる．

　複素座標上でゲイン $|G(j\omega)|$ および位相角 $\angle G(j\omega)$ は，それぞれ矢印の長さおよび実軸となす角を示す．なお位相角は，時計回り方向が位相の遅れを，反時計回り方向が位相の進みをそれぞれ表す．

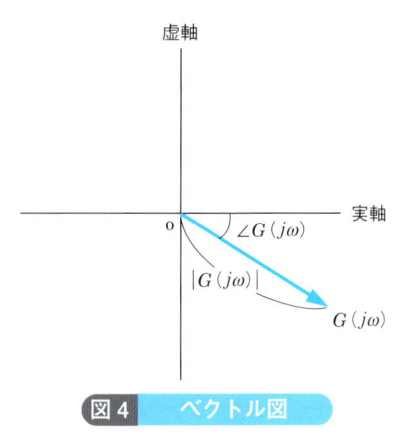

図 4 ベクトル図

周波数応答とは 1

例題 1 図5に示す RL 回路の入力信号 $E_i(j\omega)$ と，出力信号 $E_o(j\omega)$ 間の周波数伝達関数を表す式を求めよ．

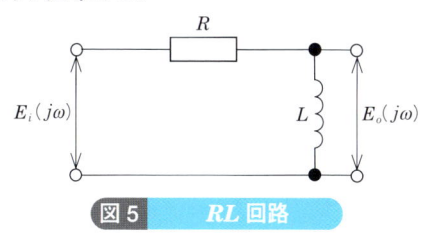

図5 RL 回路

解答 図6に示すように，回路に流れる電流を $I(j\omega)$ とする．するとこの回路において，次の回路方程式が成立する．

$$E_i(j\omega) = RI(j\omega) + j\omega L I(j\omega)$$
$$= (R + j\omega L) I(j\omega)$$
$$E_o(j\omega) = j\omega L I(j\omega)$$

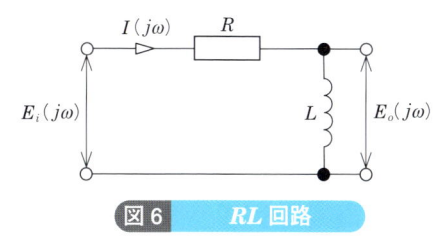

図6 RL 回路

これらの式から，入力信号 $E_i(j\omega)$ と出力信号 $E_o(j\omega)$ 間の周波数伝達関数 $G(j\omega)$ は，次式に示すように求まる．

$$G(j\omega) = \frac{E_o(j\omega)}{E_i(j\omega)} = \frac{j\omega L I(j\omega)}{(R+j\omega L)I(j\omega)} = \frac{j\omega L}{R+j\omega L} = \frac{j\omega L/R}{1+j\omega L/R}$$

$$\frac{j\omega L/R}{1+j\omega L/R} \quad \text{(答)}$$

問題 1 図7は，自動制御のサーボ系における定常特性を改善するために用いられる位相遅れ回路である．この周波数伝達関数は，

$$Gc(j\omega) = \frac{E_o(j\omega)}{E_i(j\omega)} = \frac{1+j\omega T_1}{1+j\omega T_2}$$

で表される．T_1 および T_2 を回路定数で表したときの値をそれぞれ求めよ．

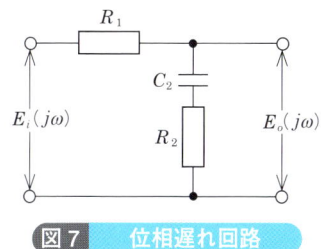

図7 位相遅れ回路

2 ベクトル軌跡

　前節 1 の図 4 に示したベクトル図は，ある角周波数 ω における周波数伝達関数 $G(j\omega)$ のベクトルを示したものである．
　ここで前節 1 の式（4）の分母を有理化して実数部と虚数部に分けて整理すると次式が得られる．

$$G(j\omega) = \frac{R}{R+j\omega L} = R\frac{R-j\omega L}{(R+j\omega L)(R-j\omega L)}$$

$$= R\left\{\frac{R}{R^2+(\omega L)^2} - j\frac{\omega L}{R^2+(\omega L)^2}\right\} \tag{1}$$

この式の中かっこ内の二つの項を，次のように x および y と置く．

$$x = \frac{R}{R^2+(\omega L)^2}, \quad y = \frac{\omega L}{R^2+(\omega L)^2}$$

そして，それぞれを 2 乗してその和を求める．

$$x^2+y^2 = \frac{R^2}{\{R^2+(\omega L)^2\}^2} + \frac{(\omega L)^2}{\{R^2+(\omega L)^2\}^2} = \frac{R^2+(\omega L)^2}{\{R^2+(\omega L)^2\}^2}$$

$$= \frac{1}{R^2+(\omega L)^2} = \frac{x}{R}$$

$$x^2 - \frac{x}{R} + y^2 = 0$$

$$\therefore \quad \left(x - \frac{1}{2R}\right)^2 + y^2 = \left(\frac{1}{2R}\right)^2 \tag{2}$$

　式（2）は円の方程式であって，中心 $(x, y) = \left(\frac{1}{2R}, 0\right)$，半径 $\left(\frac{1}{2R}\right)$ である．この方程式を満たす円を x を実軸 Re に，y を虚軸 Im にとった複素平面上に描くと，**図 1** の点線で示したようになり，角周波数 ω を変化させると，そのベクトルの先端（矢印）は図の円周上を移動する．これを**ベクトル軌跡**という．

ベクトル軌跡 2

周波数伝達関数 $G(j\omega)$ は，前節1の式（9）が示すように**図1**のベクトル軌跡を R 倍した値になるので，図の実線で示すような円になる．

周波数伝達関数 $G(j\omega)$ のベクトルは，$\omega = 0 \, [\text{rad/s}]$ のとき座標 $(x, y) = (0, 1)$ であり，$\omega = \infty \, [\text{rad/s}]$ のときは座標 $(x, y) = (0, 0)$ になる．

では，$0 < \omega < \infty$ の範囲では，このベクトルはどうなるであろうか．これは前節1の式（9）に示されるように，$0 < \omega < \infty$ の範囲で位相角 $\angle G(j\omega)$ の値が負になる．したがって，図1に示したベクトル軌跡は，下側だけの半円となる（上半分は，位相角 $\angle G(j\omega)$ の値が正のときである）．

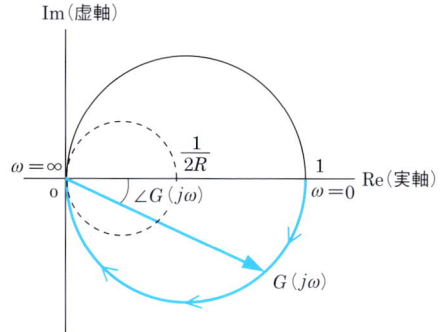

図1 *RL*回路のベクトル図

同じように，前節1の図3に示した *RC* 回路において，角周波数 ω を $0 \sim \infty$ [rad/s] まで変化させたときのベクトル軌跡を求めてみよう．前節1の式（8）で示される $G(j\omega)$ を変形する．

$$G(j\omega) = \frac{1}{1+j\omega CR} = \frac{1-j\omega CR}{(1+j\omega CR)(1-j\omega CR)} = \frac{1-j\omega CR}{1+(\omega CR)^2}$$

$$= \frac{1}{1+(\omega CR)^2} - j\frac{\omega CR}{1+(\omega CR)^2} \tag{3}$$

式（3）の実数部および虚数部を，それぞれ x および y と置く．

$$x = \frac{1}{1+(\omega CR)^2}, \quad y = \frac{\omega CR}{1+(\omega CR)^2}$$

得られた x, y をそれぞれ2乗してその和を求める．

$$x^2 + y^2 = \frac{1}{\{1+(\omega CR)^2\}^2} + \frac{(\omega CR)^2}{\{1+(\omega CR)^2\}^2} = \frac{1+(\omega CR)^2}{\{1+(\omega CR)^2\}^2}$$

$$= \frac{1}{1+(\omega CR)^2} = x$$

$$x^2 - x + y^2 = 0$$

$$\therefore \quad \left(x - \frac{1}{2}\right)^2 + y^2 = \left(\frac{1}{2}\right)^2 \tag{4}$$

式 (4) は，中心 $(x, y) = (0, 1/2)$，半径 $1/2$ の円の方程式である．

この円の方程式を満たす円を x を実軸 Re に，y を虚軸 Im にとった複素平面上に描くと，**図 2** を得ることができる．この図において，$\omega = 0$〔rad/s〕および $\omega = \infty$〔rad/s〕のときの周波数伝達関数の大きさ $|G(j\omega)|$ は，それぞれ 1 および 0 となる．次に $0 < \omega < \infty$ の範囲内で前節 1 の式 (8) を参照すれば，位相角 $\angle G(j\omega)$ は負の値しかとることができない．したがって，この RC 回路のベクトル軌跡は，下側だけの半円となる．

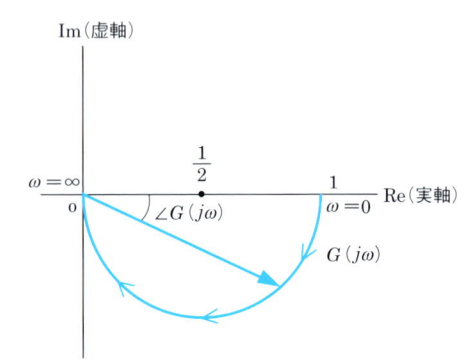

図 2 RC 回路のベクトル図

例題 2 次式で表される二次遅れ要素の周波数伝達関数の系がある．

$$G(j\omega) = \frac{4}{(j\omega)^2 + 1.6(j\omega) + 4}$$

この周波数伝達関数について，次の (1) および (2) に答えよ．
(1) 位相が 90°遅れるときの角周波数 ω〔rad/s〕を求めよ．
(2) ベクトル軌跡が虚軸を切る点のゲイン $|G(j\omega)|$ の値を求めよ．

解説 (1) 与えられた周波数伝達関数 $G(j\omega)$ を展開して整理すると，次式が得られる．

$$G(j\omega) = \frac{4}{(4 - \omega^2) + j1.6\omega}$$

周波数伝達関数 $G(j\omega)$ のベクトル軌跡を描くと，**図 3** に示すようになる．つまり，位相が 90°遅れるとき，上式の $G(j\omega)$ における実数部が 0 になる．すなわちこの式は，分母だけが複素数であるから実数部 $4 - \omega^2$ が 0 になればよい．

$$4 - \omega^2 = 0$$
$$\therefore \quad \omega = \pm 2 \text{〔rad/s〕}$$

$\omega > 0$ であるから，

$$\omega = 2 \text{〔rad/s〕} \quad \text{(答)}$$

(2) ベクトル軌跡が虚軸を切るのは，図3のベクトル軌跡が示すように（1）で求めた $\omega=2$〔rad/s〕のときである．したがって，ベクトル軌跡が虚軸を切る点のゲインの値は次のように求まる．

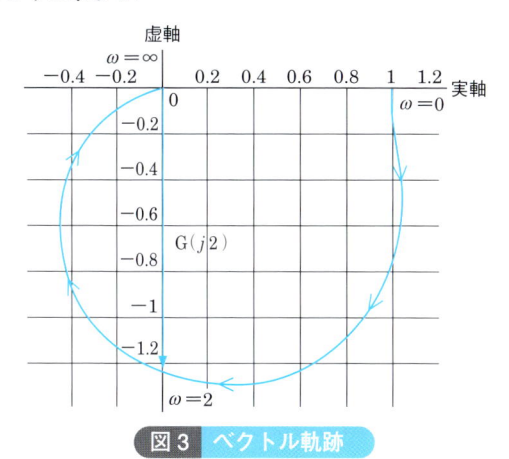

図3 ベクトル軌跡

$$|G(j\omega)|_{\omega=2} = \left|\frac{4}{j1.6\omega}\right| = \frac{4}{1.6\times 2} = 1.25 \quad \text{（答）}$$

問題2 閉ループ周波数伝達関数 $G(j\omega)$ が

$$G(j\omega) = \frac{10}{j\omega(1+j0.2\omega)}$$

で表される制御系がある．変数 ω を0から∞まで変化させたとき，$G(j\omega)$ の値は**図4**のようなベクトル軌跡となる．この系の位相角が $-135°$ となる角周波数 ω_0〔rad/s〕および，ω_0〔rad/s〕におけるゲイン $|G(j\omega)|$ の値を求めよ．

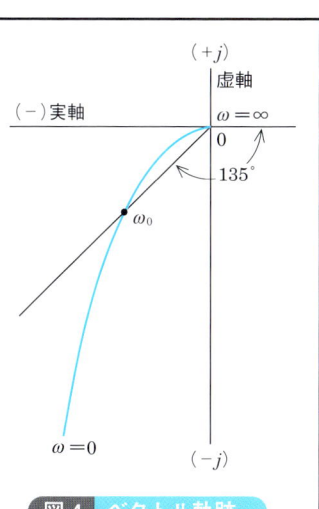

図4 ベクトル軌跡

3 ボード線図

1 周波数応答

1節の式 (4), (8) などで示される一次遅れ要素において, 角周波数 ω を変化させたときの大きさと, 位相角の変化を求めてみよう. これを制御系の**周波数応答**という.

1 積分要素

伝達関数 $G(s)$ の s を $j\omega$ に置き換えると, 周波数伝達関数 $G(j\omega)$ が求まる. したがって積分要素の周波数伝達関数 $G_I(j\omega)$ は, 2章2節の式 (9) を参照すれば, 次式で示すことができる.

$$G_I(j\omega) = \frac{1}{j\omega T_I} = \frac{1}{\omega T_I} \angle -90° \tag{1}$$

この式から角周波数 ω を変化させたとき, 積分要素のゲイン $|G_I(j\omega)|$ および位相角 $\angle G_I(j\omega)$ を求めると**表1**に示すようになる.

この表からわかるように, 積分要素のゲインは角周波数 ω に反比例し, 位相角は $-90°$ の一定値になる.

表1 積分要素

ω [rad/s]	$|G_I(j\omega)|$	$\angle G_I(j\omega)$ [°]
0	∞	-90
$1/T_I$	1	-90
∞	0	-90

2 微分要素

微分要素の周波数伝達関数 $G_D(j\omega)$ は, 2章2節の式 (13) を参照すれば, 次式となる.

$$G_D(j\omega) = j\omega T_D = \omega T_D \angle 90° \tag{2}$$

この式から角周波数 ω を変化させたとき, 微分要素のゲイン $|G_D(j\omega)|$ および位相角 $\angle G_D(j\omega)$ を求めると, **表2**に示すようになる.

この表からわかるように, 微分要素の

表2 微分要素

ω [rad/s]	$|G_D(j\omega)|$	$\angle G_D(j\omega)$ [°]
0	0	90
$1/T_D$	1	90
∞	∞	90

ゲインは角周波数 ω に比例し，位相角は 90°の一定値になる．

3 むだ時間要素

むだ時間要素は，図 1 に示すように入力信号 $R(s)$ に対して，所定時間だけ遅れて出力信号 $C(s)$ が出力される伝達要素である．この要素は，例えば，図 2 に示すように荷物がコンベアによって運ばれるとき，コンベアに乗せた（入力した）荷物は，コンベアで運ばれる時間 t だけ遅れてとり出される（出力される）ということを想像すると理解しやすい．

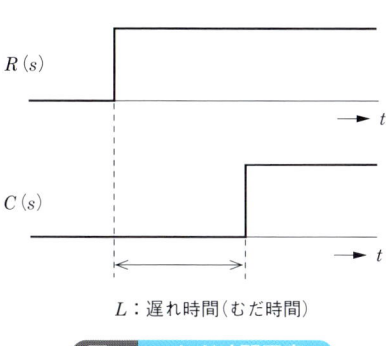

図 1 　むだ時間要素

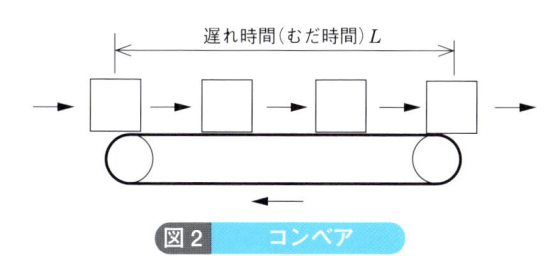

図 2 　コンベア

さて，図 1 に示すように時刻 L だけ遅延するむだ時間要素の伝達関数は，次式で示される．

$$G(s) = \varepsilon^{-Ls} \tag{3}$$

式 (3) の s に $j\omega$ を代入し，時間関数としてオイラーの公式を適用すると次式が得られる．

$$G(j\omega) = \varepsilon^{-j\omega L} = \cos(\omega L) - j\sin(\omega L) \tag{4}$$

この式の実数部 $\mathrm{Re}[G(j\omega)]$ および虚数部 $\mathrm{Im}[G(j\omega)]$ は，それぞれ，

$$\mathrm{Re}[G(j\omega)] = \cos(\omega L) \tag{5}$$

$$\mathrm{Im}[G(j\omega)] = -\sin(\omega L) \tag{6}$$

となる．したがって，むだ時間要素の周波数伝達関数 $G(j\omega)$ は，次式となる．

$$G(j\omega) = 1 \angle \tan^{-1}\{-\tan(\omega L)\} = 1 \angle -\omega L = \angle -\omega L \tag{7}$$

式 (7) が示すように，むだ時間要素のゲイン $|G(j\omega)|$ は 1 であり，位相角

$\angle G(j\omega)$ は，ω に比例して増加することがわかる．

したがって，むだ時間要素のベクトル軌跡は図3に示すように，原点を中心とする半径1の円が角周波数 ω の増加に伴って，時計方向に回転する．

4 RL回路

1節の図2に示した RL 回路の周波数伝達関数を示す．1節の式（4）から，伝達関数の大きさ（ゲイン）$|G(j\omega)|$ と位相角 $\angle G(j\omega)$ を求めると，それぞれ次のようになる．

$$|G(j\omega)| = \frac{R}{\sqrt{R^2 + (\omega L)^2}} \tag{8}$$

$$\angle G(j\omega) = -\tan^{-1}\frac{\omega L}{R} \tag{9}$$

ここで，角周波数 ω を変化させたときのゲインおよび位相角を求めると，表3が得られる．

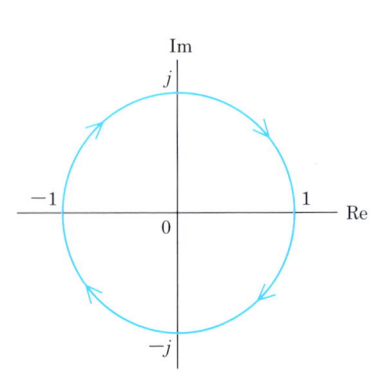

図3 むだ時間要素のベクトル軌跡

表3 RL回路（一次遅れ要素）

ω [rad/s]	$|G(j\omega)|$	$\angle G(j\omega)$ [°]
0	1	0
R/L	$1/\sqrt{2}$	-45
∞	0	-90

RL回路は，2節の図1に示したように ω が増加するにしたがって位相角の遅れが増加し，$\omega = \infty$ のときに $-90°$ となる．位相角の変化は，式（9）に示されるように三角関数の tan の変化に等しい．

5 RC回路

1節の図3に示した RC 回路の周波数伝達関数を示す．1節の式（8）から，伝達関数の大きさ（ゲイン）$|G(j\omega)|$ と位相角 $\angle G(j\omega)$ は，それぞれ次式に示すようになる．

$$|G(j\omega)| = \frac{1}{\sqrt{1 + (\omega CR)^2}} \tag{10}$$

$$\angle G(j\omega) = -\tan^{-1}\omega CR \tag{11}$$

ここで，角周波数 ω を変化させたときのゲインおよび位相角を求めると，表

4 が得られる．

RC 回路は 2 節の図 2 に示したように，ωが増加するにしたがって位相角の遅れが増加し，$\omega = \infty$ のときに $-90°$ となる．位相角の変化は，式（11）に示されるように三角関数の tan の変化に等しい．

表 4　RC 回路（一次遅れ要素）

ω〔rad/s〕	$|G(j\omega)|$	$\angle G(j\omega)$〔°〕
0	1	0
$1/CR$	$1/\sqrt{2}$	-45
∞	0	-90

6 二次遅れ要素

二次遅れ要素として，二つの一次遅れ要素 $G_1(s)$ および $G_2(s)$ を直列に接続した制御系全体の伝達関数 $G(s)$ は，2 章 2 節の式（21）に示したように

$$G(s) = G_1(s)G_2(s) = \frac{1}{(1+T_1s)(1+T_2s)} \tag{12}$$

である．この式から，二次遅れ要素の周波数伝達関数 $G(j\omega)$ は，次式となる．

$$G(j\omega) = \frac{1}{(1+j\omega T_1)(1+j\omega T_2)} = \frac{1}{1-\omega^2 T_1 T_2 + j\omega(T_1+T_2)}$$

$$= \frac{1}{1-(\omega T)^2 + j2\zeta\omega T} \tag{13}$$

ただし，$T_1 T_2 = T^2$，$T_1 + T_2 = 2\zeta T$

式（13）からゲイン $|G(j\omega)|$ および位相角 $\angle G(j\omega)$ を求めると，それぞれ次式に示すようになる．

$$|G(j\omega)| = \frac{1}{\sqrt{\{1-(\omega T)^2\}^2 + (2\zeta\omega T)^2}} \tag{14}$$

$$\angle G(j\omega) = -\tan^{-1}\frac{2\zeta\omega T}{1-(\omega T)^2} \tag{15}$$

ここで，角周波数 ω を変化させたときのゲインおよび位相角を求めると，**表 5** が得られる．

表 5　二次遅れ要素

ω〔rad/s〕	$|G(j\omega)|$	$\angle G(j\omega)$〔°〕
0	1	0
$1/T$	$1/2\zeta$	-90
∞	0	-180

> **例題 3** 伝達関数 $G(s)$ が次式で与えられているとき,周波数伝達関数 $G(j\omega)$ のゲイン $|G(j\omega)|$ および位相角 $\angle G(j\omega)$ をそれぞれ求めよ.
> $$G(s) = \frac{3\varepsilon^{-4s}}{s(1+2s)}$$

解答 与えられた伝達関数は,図 4 に示すように,四つの伝達要素を直列に接続したものとして示すことができる.

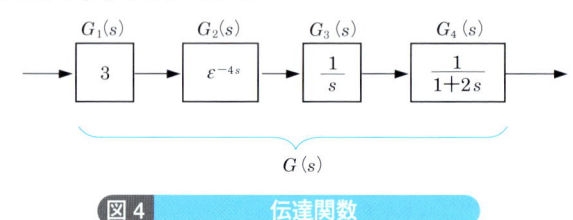

```
→[ G₁(s): 3 ]→[ G₂(s): ε^{-4s} ]→[ G₃(s): 1/s ]→[ G₄(s): 1/(1+2s) ]→
                           G(s)
```

図 4　伝達関数

$$G_1(s) = 3$$
$$G_2(s) = \varepsilon^{-4s}$$
$$G_3(s) = \frac{1}{s}$$
$$G_4(s) = \frac{1}{1+2s}$$

したがって,この系の周波数伝達関数 $G(j\omega)$ は,四つの周波数伝達関数の積として求めることができる.

$$G(j\omega) = G_1(j\omega)G_2(j\omega)G_3(j\omega)G_4(j\omega)$$

よって,ゲイン $|G(j\omega)|$ および位相角 $\angle G(j\omega)$ は,次のように求まる.

$$
\begin{aligned}
|G(j\omega)| &= |G_1(j\omega)| \cdot |G_2(j\omega)| \cdot |G_3(j\omega)| \cdot |G_4(j\omega)| \\
&= 3 \times 1 \times \frac{1}{\omega} \times \frac{1}{\sqrt{1+(2\omega)^2}} = \frac{3}{\omega\sqrt{1+4\omega^2}} \quad \text{(答)}
\end{aligned}
$$

$$
\begin{aligned}
\angle G(j\omega) &= \angle G_1(j\omega) + \angle G_2(j\omega) + \angle G_3(j\omega) + \angle G_4(j\omega) \\
&= 0 - 4\omega - \frac{\pi}{2} - \tan^{-1}(2\omega) \\
&= -4\omega - \frac{\pi}{2} - \tan^{-1}(2\omega) \quad \text{(答)}
\end{aligned}
$$

❷ いろいろな制御要素のボード線図

　ベクトル軌跡は,角周波数 ω を変化させたとき,ベクトルがどのように変化するかという概略はわかるものの,ω の値からゲインおよび位相角の値を求めることが困難である.そこで,対数目盛の横軸に角周波数 ω を表し,平等目盛の

3 ボード線図

縦軸にデシベル〔dB〕を単位とするゲイン（$20 \log_{10}|G(j\omega)|$〔dB〕）および角度〔°〕を単位とする位相角（$\angle G(j\omega)$〔°〕）をそれぞれ表し，角周波数 ω を変化させたときのゲインおよび位相角を示すグラフが用いられる（**図5**）．これを**ボード線図**（Bode diagram）という．

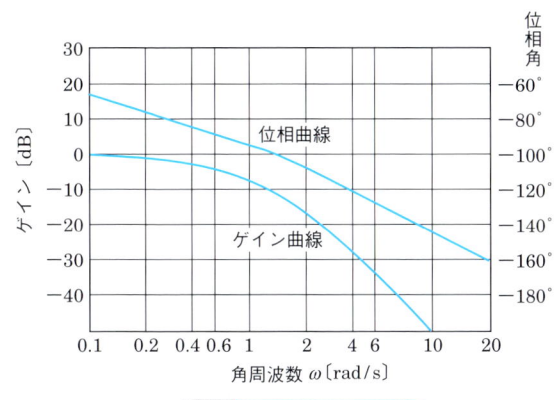

図5 ボード線図

1 積分要素

積分要素は，ゲインが角周波数 ω に反比例し，位相角が $-90°$ の一定値である．したがって，そのボード線図は図6 に示すようになる．ちなみに，この図はゲイン曲線と位相曲線をそれぞれ別々にゲイン特性および位相特性として描いたものである（以下，同じ）．

2 微分要素

微分要素は，ゲインが角周波数 ω に比例し，位相角は $90°$ の一定値である．したがって，そのボード線図は図7 に示すようになる．

3 一次遅れ要素

RL 回路および RC 回路は，いずれも一次遅れ要素である．RL 回路において角周波数 $\omega \ll R/L$〔rad/s〕のとき，表3 に示したようにゲインは1である．この値をデシベル〔dB〕に直すと，ゲイン g は，

$$g = 20 \log_{10} 1 = 0 \text{〔dB〕}$$

となる．次に $\omega = R/L$ のときゲイン g は，

$$g = 20 \log_{10}(1/\sqrt{2}) = 20 \log_{10} 2^{-1/2} = -10 \log_{10} 2$$

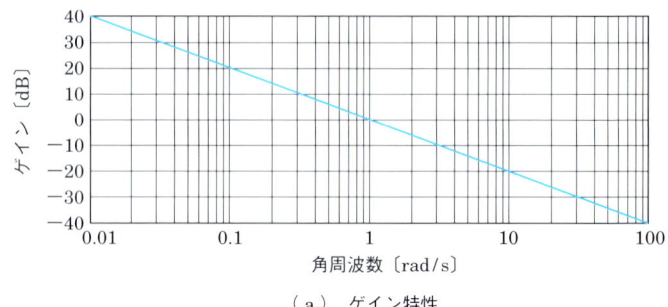

(a) ゲイン特性

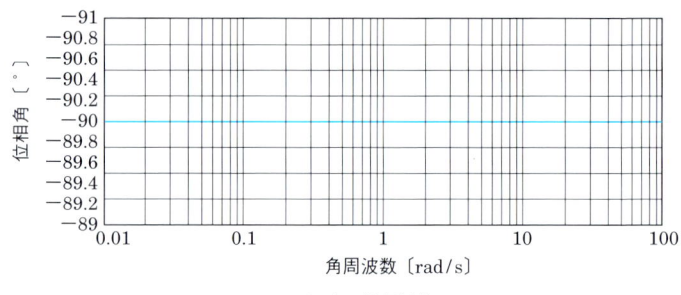

(b) 位相特性

図6 積分要素のボード線図

$$= -10 \times 0.3010 \fallingdotseq -3 \text{ [dB]}$$

となる．ゲインが-3 dB 低下する角周波数または周波数を，**遮断周波数**または**カットオフ周波数**（cut-off frequency），あるいは**帯域幅**または**バンド幅**（bandwidth）という．

角周波数が遮断周波数より高くなり，$\omega \gg R/L$ になるとゲイン g は，

$$g = 20 \log_{10} \frac{R}{\sqrt{R^2 + (\omega L)^2}} = 20 \log_{10} R - 20 \log_{10} \sqrt{R^2 + (\omega L)^2}$$

$$= 20 \log_{10} R - 20 \log_{10} \{R^2 + (\omega L)^2\}^{1/2}$$

$$= 20 \log_{10} R - 10 \log_{10} \{R^2 + (\omega L)^2\} \text{ [dB]} \tag{16}$$

となる．ここで，$\omega \to \infty$ になると $R \ll \omega L$ となるから，式 (16) は，

$$g \fallingdotseq -20 \log_{10} \omega L \text{ [dB]} \tag{17}$$

となる．

式 (17) は，ω が10倍になると，ゲインが-20 dB 低下することを示してい

ボード線図 3

(a) ゲイン特性

(b) 位相特性

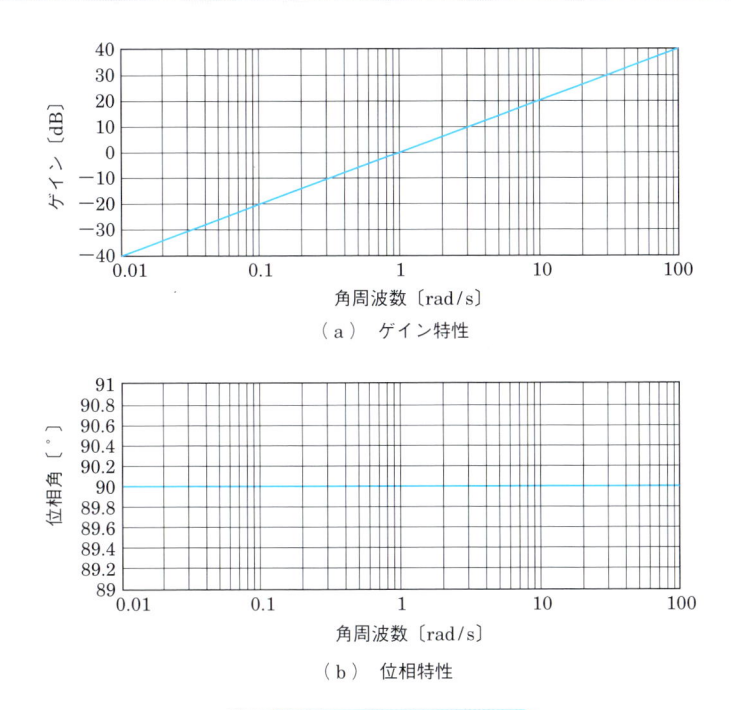

図7 微分要素のボード線図

る．これを $-20\,\mathrm{dB/dec}$ と表す．〔dec〕はデカード（decade）と呼び，10倍という意味である．つまり一次遅れ要素は，角周波数（周波数）が遮断周波数よりも高い場合，角周波数（周波数）が10倍高くなるとゲインが $20\,\mathrm{dB}$ 低下することを意味している．これらの関係をボード線図に示すと，**図8**が得られる．

角周波数 ω が遮断周波数より低いとき，ゲインは $0\,\mathrm{dB}$ であり遮断周波数近傍でゲインは右下がりとなり，ω が遮断周波数より高くなるとゲインは，$-20\,\mathrm{dB/dec}$ の直線に漸近する特性を示す．$-20\,\mathrm{dB/dec}$ の直線を延長し，ゲインが $0\,\mathrm{dB}$ になる交点の角周波数を**折点周波数**（break frequency または corner frequency）という．一次遅れ要素の場合，折点周波数と遮断周波数は等しい．

一方，位相角 $\angle G(j\omega)$ は遮断周波数（折点周波数）のとき $-45°$ となり，この点を原点とした点対称のグラフが描ける．また折点周波数を $1/T$ として遮断周波数を通り，$0°$ および $90°$ と交わる点を求めると $1/5T$ および $5/T$ となる．

なお，**図2**に示す RC 回路も，ゲイン特性，位相特性とも RL 回路と同様な特

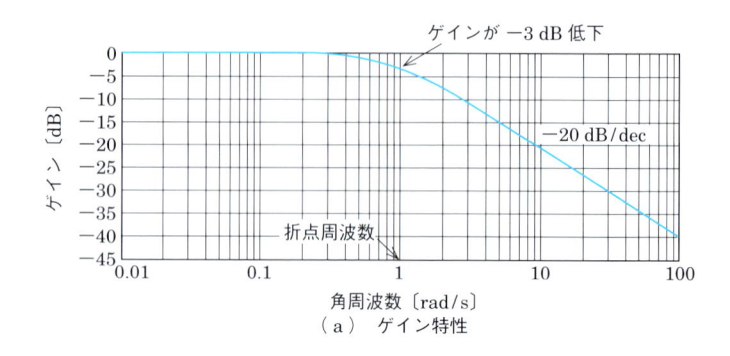

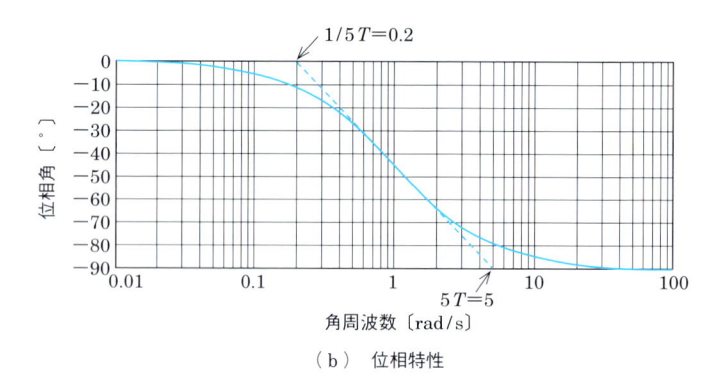

図8 一次遅れ要素のボード線図

性曲線となる．

4 二次遅れ要素

二次遅れ要素のゲイン g は，式（8）から，次式に示すようになる．

$$g = 20\log_{10}|G(j\omega)| = 20\log_{10}\frac{1}{\sqrt{\{1-(\omega T)^2\}^2+(2\zeta\omega T)^2}}$$

$$= 20\log_{10}1 - 20\log_{10}\left[\{1-(\omega T)^2\}^2+(2\zeta\omega T)^2\right]^{1/2}$$

$$= -10\log_{10}\left[\{1-(\omega T)^2\}^2+(2\zeta\omega T)^2\right] \text{〔dB〕} \tag{18}$$

$$\angle G(j\omega) = -\tan^{-1}\frac{2\zeta\omega T}{1-(\omega T)^2} \tag{19}$$

これらの式（18），（19）は，角周波数 ω のほかに減衰係数 ζ がパラメータに

(a) ゲイン特性

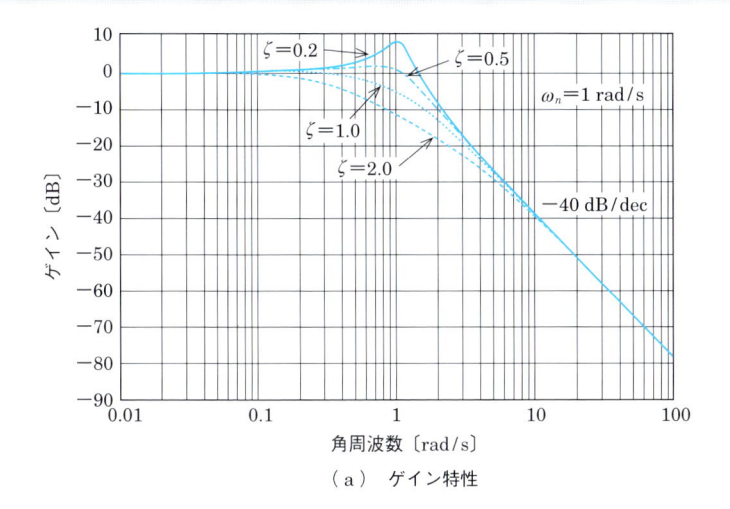

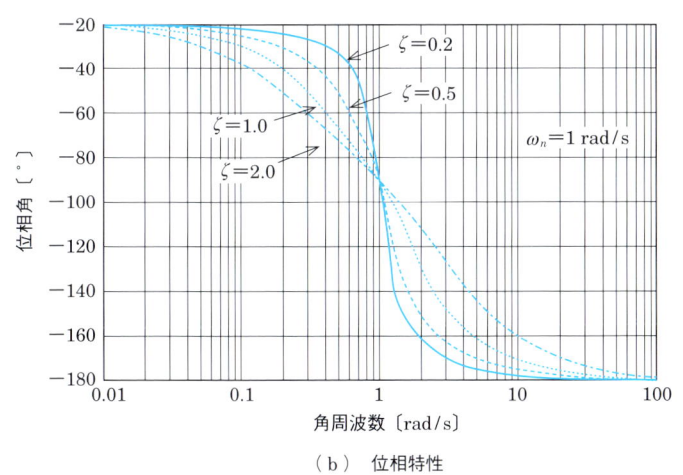

(b) 位相特性

図9 二次遅れ要素のボード線図

なっている．減衰係数 ζ をパラメータとしてボード線図を描くと，図 **9** に示すようになる．この図に示されるように，ゲインは $\omega \ll 1/T$ のとき横軸に平行な直線と，$\omega \gg 1/T$ のときの -40 dB/dec の直線を漸近線に持つ．また位相曲線は，折点である $-90°$ に関して点対称で $0°\sim-180°$ の間で変化する．

なお，$\zeta < 1/\sqrt{2} = 0.707$ になると，ゲインは極値（ピーク）を持つようになる．

3章 周波数応答

例題 4 次の記述中の空白箇所①, ②, ③および④に当てはまる正しい字句を記入せよ.

ボード線図は，片対数グラフ用紙の対数目盛に ① をとり，平等目盛に ② のデシベル値で表した ③ と ④ 角をとって表した線図である．

解答 ボード線図は，図5に示したように片対数グラフの対数目盛に角周波数 ω をとり，平等目盛に伝達関数 $G(j\omega)$ の大きさ $|G(j\omega)|$ を 20 倍した対数値 $20\log_{10}|G(j\omega)|$ と，位相角 $\angle G(j\omega)$ をそれぞれとって，制御系の特性を表したものである．

①角周波数 ②伝達関数 ③ゲイン ④位相角 （答）

例題 5 次の記述中の空白箇所①, ②および③に当てはまる語句または数値を記入せよ.

ある一次遅れ要素のゲイン g が次式で与えている．

$$g = 20\log_{10}\frac{1}{\sqrt{1+(\omega T)^2}} = -10\log_{10}(1+\omega^2 T^2) \ [\mathrm{dB}]$$

この要素の特性をボード線図で表すことを考える．角周波数 ω [rad/s] が時定数 T [s] の逆数と等しいとき，これを ① 周波数という．

ゲイン特性は，$\omega \ll 1/T$ の範囲では 0 dB，$\omega \gg 1/T$ の範囲では角周波数が 10 倍になるごとに ② dB 減少する直線となる．また，$1/\omega T$ におけるゲインは約 -3 dB であり，その点における入出力間の位相は ③ [°] の遅れである．

解答 与えられた一次遅れ要素のゲイン g が，

$$g = -10\log_{10}(1+\omega^2 T^2) \ [\mathrm{dB}]$$

であるから，

(1) $\omega \gg 1/T$ のとき，つまり $\omega T \gg 1$ のとき

$$g \fallingdotseq -10\log_{10}(\omega T)^2 = -20\log_{10}(\omega T) \ [\mathrm{dB}]$$

となる．したがって，ω が 10 倍になるごとにゲイン g は 20 dB 減少する（-20 dB/dec）．

(2) $\omega \ll 1/T$ のとき，つまり $\omega T \ll 1$ のとき

$$g \fallingdotseq -10\log_{10}1 = 0 \ [\mathrm{dB}]$$

となる．

(3) $\omega = 1/T$ のとき

角周波数 ω [rad/s] が時定数 T [s] の逆数と等しいとき，この角周波数を折点周波数という．このときのゲイン g は，

$$g = -10\log_{10}(1+1) = -10\log_{10}2 = -10\times 0.3010 \fallingdotseq -3.01 \ [\mathrm{dB}]$$

となる．また，位相角は，

$$\angle G(j\omega) = \angle\left(\frac{1}{1+j1}\right) = -\tan^{-1}\frac{1}{2} = -45°$$

となる.負号は位相が遅れることを示している.
したがって,与えられた一次遅れ要素をボード線図に描くと,図8に示したようになる.
①折点　②20　③45　　（答）

> **問題3**　次の記述中の空白箇所①,②,③,④および⑤に当てはまる正しい字句を記入せよ.
> 　ボード線図において,ゲイン曲線のゲインが0dBとなる点を　①　交点といい,このときの位相曲線が示す位相角が,−180°に対してどれだけ余裕があるのかを示すパラメータを　②　という.また位相曲線が−180°になる点を　③　交点といい,このときのゲイン曲線が示すゲインが0dBに対して,どれだけ余裕あるのかを示すパラメータを　④　という.　②　と　④　が小さすぎると安定度が悪くなり,逆に大きすぎると　⑤　が悪くなる.

ボード線図

　ボード線図は,ベル研究所の研究員であったボード(H.W.Bode)が考案した図式解法である.この図は,ベクトル軌跡よりも簡単に図式化することができるという大きな特徴を備えている.例えば,二つの伝達要素として,$G_1(s)$ と $G_2(s)$ を直列に接続したときを考えてみる.
　二つの伝達関数のゲインがそれぞれ G_1〔dB〕および G_2〔dB〕,位相差がそれぞれ ϕ_1〔°〕および ϕ_2〔°〕であるとする.直列接続したとき,合成のゲイン G および位相差 ϕ は,それぞれ,

$$G = G_1 + G_2 \text{〔dB〕}$$
$$\phi = \phi_1 + \phi_2 \text{〔°〕}$$

として求めることができる.したがって,二つの伝達要素のゲイン特性および位相特性の和をボード線図上でプロットすれば,二つの伝達要素を直列接続したボード線図を容易に得ることができる.
　これは,二つ以上の伝達要素を直列接続した場合でも同様に考えることができる.

4 周波数応答と過渡応答

制御系の特性を判定するため,特殊な信号を制御系に与えたときの出力(制御量)の変化を捉えることが行われる.このとき制御系に与える信号としては,**単位インパルス信号**(unit impulse signal),**単位ステップ信号**(unit step signal)および**ランプ信号**(ramp signal)などがある.

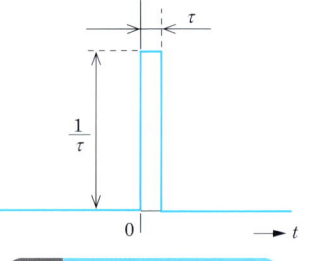

1 単位インパルス信号

単位インパルス信号は,図1に示すようにきわめて短い時間(τ)の間に,大きさが$1/\tau$の値を有している.つまり単位インパルス信号は,その面積が1になる.特に$\tau \to 0$の極限をとった信号は,ディラック(Dirac)の**δ関数**(delta function)と呼ばれる数学的な関数信号である.このδ関数$\delta(t)$は,

$$\delta(t)\begin{cases}=\infty : t=0 \\ =0 : t \neq 0\end{cases} \tag{1}$$

図1 単位インパルス信号

であり,$\int_{-\infty}^{\infty}\delta(t)dt=1$ と定義される.つまりこの関数は,きわめて短い時間にきわめて大きな値を有している.

このような単位インパルス信号 $\delta(t)$ をラプラス変換すると,

$$\mathscr{L}[\delta(t)]=\int_{0}^{\infty}\delta(t)\varepsilon^{-st}dt=\int_{0-}^{0+}\delta(t)\varepsilon^{-st}dt+\int_{0+}^{\infty}\delta(t)\varepsilon^{-st}dt=1 \tag{2}$$

が得られる.

2 単位ステップ信号

単位ステップ信号 $u(t)$ は,図2に示すように時刻 $t=0$ で単位値1になる信号である.つまり単位ステップ信号 $u(t)$ は,

周波数応答と過渡応答 4

$$u(t) \begin{cases} = 0 : t < 0 \\ = 1 : t \geq 0 \end{cases} \quad (3)$$

である．

単位ステップ信号 $u(t)$ をラプラス変換すると，

図2 単位ステップ信号

$$\mathscr{L}[u(t)] = \int_0^\infty u(t)\varepsilon^{-st}dt = \int_0^\infty \varepsilon^{-st}dt = \left[-\frac{1}{s}\varepsilon^{-st}\right]_0^\infty = \frac{1}{s} \quad (4)$$

が得られる．

3 ランプ信号

ランプ信号は，図3に示すように時間に比例して増加する信号である．関数で表せばランプ信号 $f(t)$ は，

$$f(t) = at \quad (5)$$

となる（ただし，a は定数）．

ランプ信号 $f(t)$ をラプラス変換すると，

図3 ランプ関数

$$\mathscr{L}[f(t)] = \int_0^\infty f(t)\varepsilon^{-st}dt = \int_0^\infty at\varepsilon^{-st}dt = a\left[-\frac{t\varepsilon^{-st}}{s}\right]_0^\infty + \int_0^\infty \frac{a\varepsilon^{-st}}{s}dt$$

$$= \left[-\frac{a\varepsilon^{-st}}{s^2}\right]_0^\infty = \frac{a}{s^2} \quad (6)$$

となる．

4 単位インパルス応答

単位インパルス応答は，制御系に単位インパルス信号を入力信号として与えたとき，この制御系から出力される出力信号の挙動をいう．例えば図4に示す一次遅れ要素 $G(s)$ に，入力信号 $R(s)$ として単位インパルス信号を与えたときの出力信号 $C(s)$ を求めてみよう．

単位インパルス信号をラプラス変換した値は1であるから，出力 $C(s)$ は，

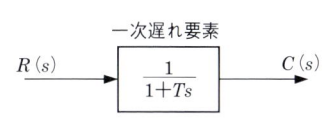

図4 一次遅れ要素

$$C(s) = R(s)G(s) = 1 \times \frac{1}{1+Ts} = \frac{1/T}{s+(1/T)} \tag{7}$$

となる．したがって出力 $C(s)$ の時間変化 $c(t)$ は，式（7）を逆ラプラス変換して，

$$c(t) = \mathscr{L}^{-1}\left[C(s)\right] = \frac{1}{T}\varepsilon^{-(t/T)} \tag{8}$$

となる．この出力 $c(t)$ は，図 5 に示すように最終値である 0 に徐々に近づくよう変化する．

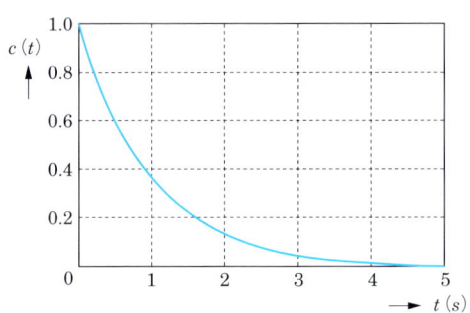

図 5 一次遅れ要素の単位インパルス信号（$T=1$）

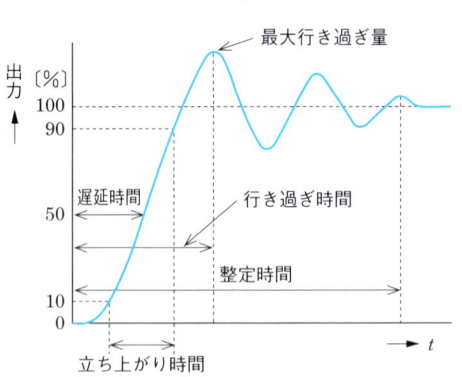

5 単位ステップ応答

単位ステップ応答は，制御系に単位ステップ信号を与えたときの制御系の挙動であり，インディシャルレスポンスとも呼ばれている．

図 6 単位ステップ応答

一般に，制御系にステップ信号を与えると，図6に示す応答波形のようにある一定値に近づく．この図において，諸量が次のように定義されている．
(1) **最大行き過ぎ量**：制御量が目標値を超えて最初にとる過渡偏差の極値
(2) **行き過ぎ時間**：過渡偏差が最大行き過ぎ量に達するまでの時間
(3) **整定時間**：制御量が目標値からある特定範囲（目標値の±5％以内）に収まるまでの時間
(4) **立ち上がり時間**：ステップ応答の出力が10％（5％）から90％（95％）に達するまでの時間
(5) **遅延時間**：ステップ応答の出力が定常値の50％に達するまでの時間

これらの特性値をもとに，次の判定を行うことができる．
① 速応性：立ち上がり時間，遅延時間，整定値，行き過ぎ時間
② 安定性：最大行き過ぎ量

1 一次遅れ要素の単位ステップ応答

一次遅れ要素 $G(s)$ に単位ステップ信号 $U(s)$ を与えたときの出力 $C(s)$ を求めると，

$$C(s) = U(s)G(s) = \frac{1}{s} \times \frac{1}{1+Ts} = \frac{1}{s} - \frac{1}{s+1/T} \tag{9}$$

となる．式(9)を逆ラプラス変換して出力の時間関数 $c(t)$ を求めると，

$$c(t) = \mathscr{L}^{-1}[C(s)] = 1 - \varepsilon^{-t/T} \tag{10}$$

が導かれる．この式で示される $c(t)$ をグラフに描くと，図7が得られる．このグラフに示されるように，一次遅れ要素に単位ステップ信号を与えると，徐々に

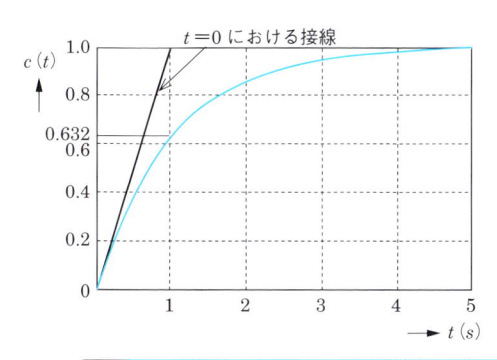

図7　一次遅れ要素の単位ステップ応答（$T=1$）

最終値（この場合は，1）に近づいていくことがわかる．また式（10）から時刻 t が時定数 T と等しくなったときの $c(T)$ を求めると，

$$c(T) = 1 - \varepsilon^{-T/T} = 1 - \varepsilon^{-1} = 0.6321$$

となる．これを図7に示すと，$c(T)$ は，$c(t)$ の $t=0$ における接線が最終値と交わるまでの時間になることがわかる．

2 二次遅れ要素の単位ステップ応答

二次遅れ要素 $G(s) = \dfrac{\omega_n^2}{s^2 + 2\zeta\omega_n s + \omega_n^2}$ に単位ステップ信号 $U(s)$ を与えたとき，その出力 $C(s)$ は，次式に示すようになる．

$$C(s) = U(s)G(s) = \frac{1}{s} \cdot \frac{\omega_n^2}{s^2 + 2\zeta\omega_n s + \omega_n^2} \tag{11}$$

式（11）を逆ラプラス変換すれば，出力の時間変化 $c(t)$ を求めることができる．なお，この逆ラプラス変換は計算が複雑であるので，一例として，$0<\zeta<1$ のときの結果を示す．

$$c(t) = 1 - \frac{\varepsilon^{-\zeta\omega_n t}}{\sqrt{1-\zeta^2}} \sin\left(\omega_n\sqrt{1-\zeta^2} + \tan^{-1}\frac{\sqrt{1-\zeta^2}}{\zeta}\right) \tag{12}$$

この式の第二項には指数関数があるので，その値は時間経過とともに減衰する．したがって $c(t)$ は，時間経過とともに一定値（式（12）の場合は1）に収束する．

ただし，一定値へ収束する様子は，**図8**に示されるように減衰係数 ζ の値によって変化する．

① $\zeta=0$ のとき：周期 ω_n の**持続振動**（sustained oscillation）または**単振動**（simple harmonic motion）
② $\zeta=1$ のとき：**臨界制動**（critical damping）
③ $\zeta>1$ のとき：**過制動**（over damping）
④ $0<\zeta<1$ のとき：**不足制動**（under damping）

減衰係数 $\zeta=0$ の場合，制御系の出力は，持続振動を起こしてしまうので好ましくない．$\zeta=1$ のときは，最も早い時間で目標値に到達することができる．なお $0<\zeta<1$ のときは，**図9**に示すように行き過ぎを生じる．また行き過ぎ量は，3節の式（14）を用いて求めることができる．

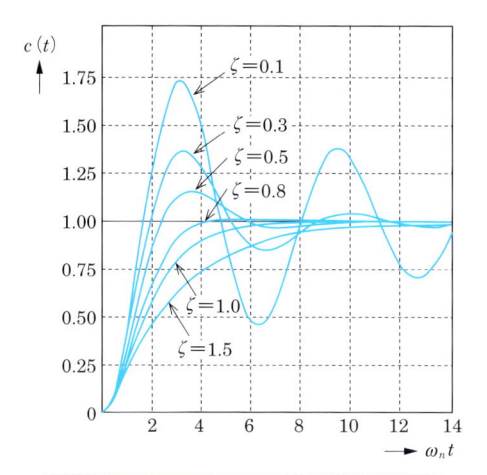

図 8 二次遅れ要素の単位ステップ応答

図 9 において，行き過ぎ量 M_1，M_2，……を求めるため，3 節の式 (14) を t で微分して 0 と置き極値になる時刻 t を求めると次式が得られる（計算が複雑であるので，その結果だけを示す）．

$$\omega_n \sqrt{1-\zeta^2}\, t_n = n\pi$$
$$(n = 0,\ 1,\ 2,\ \cdots\cdots) \qquad (13)$$

図 9 二次遅れ系の行き過ぎ量

行き過ぎ量が最大になるのは，最初に行き過ぎが現れる $n=1$ のときであるから，その時刻 t_1 は，

$$t_1 = \frac{\pi}{\omega_n \sqrt{1-\zeta^2}} \qquad (14)$$

となる．したがって最大行き過ぎ量 M_1 は，3 節の式 (12) に t_1 を代入すれば求めることができる．

$$M_1 = \varepsilon^{-\zeta \omega_n t_1} \qquad (15)$$

ここで，減衰係数 ζ と最大行き過ぎ量 M_1 との関係を示すと，**表 1** に示すよう

3章 周波数応答

になる．この表に示されるように，減衰係数 ζ が小さくなるほど最大行き過ぎ量 M_1 が大きくなる．また，一周期ごとの行き過ぎ量の比をとった次式で示される値を**減衰率** γ という．

$$\gamma = \frac{M_3}{M_1} = \frac{M_5}{M_3} = \cdots = \frac{M_4}{M_2} = \frac{M_6}{M_4}$$

$$= \cdots = \varepsilon^{-\frac{2\pi\zeta}{\sqrt{1-\zeta^2}}} \quad (16)$$

表1 減衰係数 ζ と最大行き過ぎ量 M_1 との関係

ζ	M_1 [%]
0	100
0.1	72.9
0.2	52.7
0.3	37.2
0.4	25.4
0.5	16.3
0.6	9.5
0.7	4.6
0.8	1.5
0.9	0.2
1.0	0

例題6 あるフィードバック制御系にステップ入力を加えたとき，出力の応答波形が**図10**のようになった．図中の過渡応答の時間に関する諸量①，②および③は，それぞれ何か答えよ．

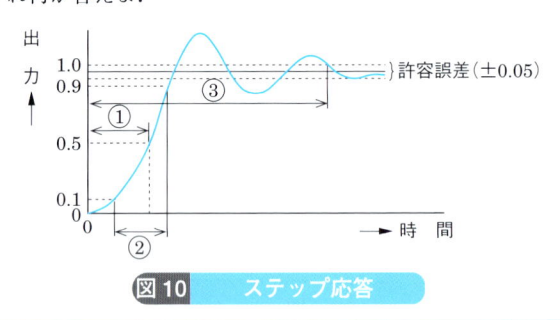

図10 ステップ応答

解答 制御系にステップ信号を与えたときの応答を示す過渡応答波形は，図6に示したとおりである．この波形において，50％出力までの時間を「遅れ時間」，10～90％出力までの時間を「立ち上がり時間」，最終値の±5％以内に落ち着くまでの時間を「整定時間」という．

①遅れ時間　②立ち上がり時間　③整定時間　　（答）

周波数応答と過渡応答 4

> **例題 7** 次の伝達関数を有するシステムに,単位ステップ信号および単位ランプ信号を入力したときの応答をそれぞれ求めよ.
>
> (1) $\dfrac{2s}{1+3s}$
>
> (2) $\dfrac{9}{s^2+5s+6}$

解答 (1) 単位ステップ信号 $u(t)$ をラプラス変換すると,$U(s)=1/s$ となる.よって,与えられた伝達関数を $G(s)$ とすれば,単位ステップ応答 $C(s)$ は,

$$C(s)=G(s)U(s)=\frac{2s}{1+3s}\cdot\frac{1}{s}=\frac{2}{1+3s}=\frac{2}{3}\cdot\frac{1}{s+(1/3)} \tag{17}$$

と求まる.式 (17) を逆ラプラス変換して時間領域の応答 $c(t)$ を求めると次式となる.

$$c(t)=\mathscr{L}^{-1}\left[\frac{2}{3}\cdot\frac{1}{s+(1/3)}\right]=\frac{2}{3}\varepsilon^{-t/3} \quad \text{(答)}$$

次に,単位ランプ信号 $r(t)$ をラプラス変換すると $R(s)=1/s^2$ となる.よって,単位ランプ応答 $C(s)$ は,

$$C(s)=G(s)R(s)=\frac{2s}{1+3s}\cdot\frac{1}{s^2}=\frac{1}{s}\cdot\frac{2}{1+3s}=\frac{2}{3}\left\{\frac{3}{s}-\frac{3}{s+(1/3)}\right\}$$

$$=2\times\left\{\frac{1}{s}-\frac{1}{s+(1/3)}\right\} \tag{18}$$

と求まる.したがって,式 (18) を逆ラプラス変換して時間領域の応答 $c(t)$ を求めると次式となる.

$$c(t)=\mathscr{L}^{-1}\left[2\times\left\{\frac{1}{s}-\frac{1}{s+(1/3)}\right\}\right]=2\left(1-\varepsilon^{-t/3}\right) \quad \text{(答)}$$

(2) 与えられた伝達関数を $G(s)$ とすれば,単位ステップ応答 $C(s)$ は,

$$C(s)=G(s)U(s)=\frac{9}{s^2+5s+6}\cdot\frac{1}{s}=\frac{1}{2}\left(\frac{3}{s}-\frac{9}{s+2}+\frac{6}{s+3}\right) \tag{19}$$

と求まる.式 (19) を逆ラプラス変換して,時間領域の応答 $c(t)$ を求めると次式となる.

$$c(t)=\frac{1}{2}\left(3-9\varepsilon^{-2t}+6\varepsilon^{-3t}\right) \quad \text{(答)}$$

次に,単位ランプ応答 $C(s)$ は,

$$C(s) = G(s)R(s) = \frac{9}{s^2+5s+6} \cdot \frac{1}{s^2} = \frac{9}{(s+2)(s+3)} \cdot \frac{1}{s^2}$$

$$= \frac{1}{4}\left(\frac{6}{s^2} - \frac{10}{s} + \frac{9}{s+2} - \frac{4}{s+3}\right) \tag{20}$$

と求まる．したがって，式（20）を逆ラプラス変換して時間領域の応答 $c(t)$ を求めると次式となる．

$$c(t) = \mathscr{L}^{-1}\left[\frac{1}{4}\left(\frac{6}{s^2} - \frac{10}{s} + \frac{9}{s+2} - \frac{4}{s+3}\right)\right]$$

$$= \frac{1}{4}\left(6t - 10 + 9\varepsilon^{-2t} - 4\varepsilon^{-3t}\right) \quad \text{（答）}$$

周波数応答法と過渡応答法

　周波数応答法は，制御系の応答を周波数領域で解析する方法であり，過渡応答は，制御系にステップ信号やインパルス信号などの特殊な信号を与えたときの応答を時間領域で解析する方法である．

　過渡応答を数学的に求めるには，微分方程式を解く必要がある．しかしながら次数の高い制御系の場合，すなわち高次の微分方程式を解くことは困難である．

　一方，周波数応答法は，制御系が線形系（linear system）であるならば，入力した正弦波信号と等しい周波数の正弦波信号が出力されることを利用している．つまり周波数応答法は，微分方程式を解くことなく制御系の解析や設計ができる手法である．

3章のまとめ

1 周波数応答とは

　制御要素（制御系）に入力した角周波数 ω の正弦波交流信号，その制御要素（制御系）から出力される正弦波交流出力信号との関係を示す関数が周波数伝達関数である．周波数伝達関数を用いれば，制御要素（制御系）から，出力される正弦波交流信号の振幅（ゲイン）および位相角の変化を求めることができる．

2 ベクトル軌跡

　制御要素（制御系）に与える正弦波交流信号の角周波数 ω を変化させたときのゲインおよび位相角の変化を，複素平面に表したものがベクトル軌跡である．一次遅れ要素のベクトル軌跡は，半円になる．

3 ボード線図

　ボード線図は，横軸の対数目盛に角周波数を，縦軸の平等目盛にゲインおよび位相角をそれぞれプロットしたグラフである．ボード線図を用いると，制御系の安定判別をすることができる．

4 周波数応答と過渡応答

　制御系の特性を判定するため，入力信号として与える正弦波交流の角周波数を変化させたときの，制御系の出力信号の変化を周波数応答という．

　また，制御系に特殊な入力信号を与えたときの，制御系の過渡的な出力信号の時間変化を過渡応答という．特殊な信号には，単位インパルス信号，単位ステップ信号，単位ランプ信号などがある．

古典制御理論と現代制御理論

　1950年代までのフィードバック制御理論の総称を古典制御理論（classical control theory）という．本書が扱っているのは，この古典制御理論である．この理論ではPID制御，位相進み・遅れ補償などの制御装置のように構造を限定したパラメータ調整が主体である．

　古典制御理論では制御対象に対して伝達関数を用いた数式モデルでの特性解析手法が用いられるが，実際の設計では制御系に対して特定の信号を入力したときの出力の挙動を解析する場合が多い．すなわち，ステップ応答や周波数応答のように，直接測定できる表現に基づく手法である．この手法は従来から実用的であり多用されているが，実際の制御系ではほとんどの場合，試行錯誤による制御系の現地調整作業が伴っていた．つまり古典制御理論において制御目標の定式化，制御対象のモデリングから制御系の設計まで，一貫して数理的に取り扱うものは例外的であり，そのほとんどは制御対象を伝達関数によって記述し，制御系の入出力関係を周波数領域で解析するもので，制御装置は1入力1出力が基本である．

　当時はまた，電子計算機が今日のように普及していなかったため，古典制御理論では図式解析手法としてボード線図やナイキストの安定判別法などが考案され活用されてきた．これらは設計結果を視覚的に捉えるために，今日でも有効な手段として用いられている．しかしながら実際の制御系では，前述のような現地調整作業によって，その制御系の応答を見ながら行う試行錯誤が繰り返されているのが実情である．

　これに対して現代制御理論（modern control theory）は，制御対象に状態空間という新しい概念を導入している．このため，状態空間法とも呼ばれている．この方法は1960年にカルマンによって初めて提案されたもので従来の古典制御理論に対して現代制御理論と呼ばれる所以である．

　現代制御理論は古典制御理論で行われていた経験と勘に頼った試行錯誤的な手法を状態空間という新しい概念を制御系に導入することによって最適な制御パラメータを数学的に決定しようとするものである．なお，現代制御理論には最適制御理論，多変数制御理論，適応制御理論なども含まれるのが一般的である．

4章 安定判別法

　制御系に目標値の変更や外乱が一時的に加わったときでも，時間経過につれて制御系の出力が一定の値，すなわち平衡状態に落ち着く安定性を有する必要がある．安定判別法は，制御系がこの安定性を有するかどうかを判定する方法であって，数式を用いて判定する方法，図を用いて判定する方法，配列または行列式を用いて判定する方法などがある．ここでは，これら制御系の安定判別法について解説する．

1 制御系における安定の定義

1 制御系における安定とは

　目標値の変更や外乱などが制御系に与えられるとき，制御系は，過渡的に状態を変化させて現在の安定状態から次の安定状態へと移行する．このとき制御系の設計や設定に不具合があると，出力が振動したり，発散したりなどして不安定な状態に陥る．このため，制御系が安定であるかどうかをあらかじめ判定することが重要である．

　つまり制御系の入力信号が変化したり外乱などが与えられると，制御系の応答には過渡現象が生じる．この応答が時間の経過とともにある一定値に落ち着けば，この制御系は**安定**であるという．一方，制御系の応答が時間とともに増大する場合は**不安定**，時間とともに増大も減衰もせず，一定振幅の振動を継続する場合は**安定限界**という．なお安定限界は，制御系としては好ましい応答とはいえず，一般に不安定として扱うことが多い．

2 制御系の挙動

　図1の（a）に示されるフィードバック制御系において，この制御系が安定または不安定であるときはどのようなことを意味するのかをより具体的に，検討してみよう．入力信号 $R(j\omega)$ として，図1の（b）に示される最大振幅 A，周波数 f の正弦波交流を入力したとき，図1の（c）に示される最大振幅 B の主フィードバック信号 $F(j\omega)$ が得られたとする．なお $F(j\omega)$ は，$R(j\omega)$ より位相が θ だけ遅れた正弦波交流であるとする．

制御系における安定の定義　1

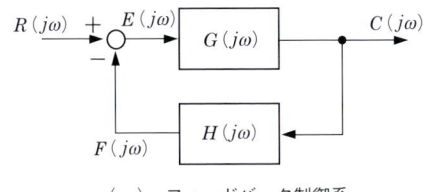

(a) フィードバック制御系

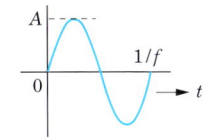

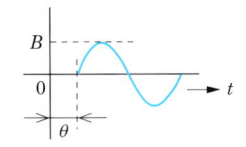

(b) 入力信号 $R(j\omega)$　　(c) 主フィードバック信号 $F(j\omega)$

図1 フィードバック制御系の挙動

　ここで信号の大きさだけに着目すると，$A>B$ のときは，ループ内を循環するたびに信号が減衰してやがて消滅する．したがって制御系の出力は，一定の値に落ち着く．すなわち制御系は安定である．一方，$A<B$ のときは，ループ内を循環するたびに信号が増大して限りなく大きな値になる．すなわち制御系は不安定な状態に陥る．

　また，位相だけに着目すると，$F(j\omega)$ が $R(j\omega)$ より位相が180°遅れ，$\angle F(j\omega) = -180°$ になると，$F(j\omega)$ は，加え合わせ点で負の信号として合成，すなわち入力信号と同位相（$-180°-180°=360°=0°$）の信号となって入力信号に加え合わされることになる．したがって，前述したように，ループ内を循環するたびに信号が増大し，不安定となる．

　ところで，図1において $F(j\omega)$ は，

$$F(j\omega) = G(j\omega)H(j\omega)E(j\omega)$$

である．したがって，加え合わせ点における合成出力 $E(j\omega)$ は，

$$E(j\omega) = R(j\omega) - F(j\omega) = \frac{R(j\omega)}{1+G(j\omega)H(j\omega)} \tag{1}$$

となる．$E(j\omega)$ は，制御系に与えられた目標値と制御量との差を示す量で**偏差**という．フィードバック制御系は，この偏差が最終的に0になるように制御がなされる．

3 ゲイン余裕と位相余裕

図1に示したフィードバック制御系において，入力信号 $R(j\omega)$ の最大振幅 A に対する，主フィードバック信号 $F(j\omega)$ の最大値 B との差を**ゲイン余裕**（gain margin），$R(j\omega)$ に対する $F(j\omega)$ の位相差 θ が，$-180°$ よりどれだけ差があるかということを**位相余裕**（phase margin）と定義する．

$F(j\omega)$ は，$R(j\omega)$ に一巡周波数伝達関数 $G(j\omega)H(j\omega)$ をかけて得られるから，いい換えれば，一巡周波数伝達関数におけるゲイン余裕は，一巡周波数伝達関数の入力信号と出力信号との位相差が $-180°$ になるときのゲインが，0 dB（大きさ1）からどれだけ余裕があるかということを示す一方，位相余裕は，一巡周波数伝達関数のゲインが，0 dB（大きさ1）のときの位相差が $-180°$ からどれだけの余裕があるかを示す指標となる．

例えば $G(j\omega)H(j\omega)$ のベクトル軌跡が**図2**に示すように描かれたとすると，ゲイン余裕 g_m および位相余裕 ϕ_m は，それぞれ図示したようになる．

制御系が安定であるためには，ゲイン余裕が正であり，また位相余裕が $0°$ 以上でなければならない．なお，ゲイン余裕も位相余裕も大きいほど安定度が増す反面，応答が遅くなる．このため，**表1**に示す値が目安とされている．

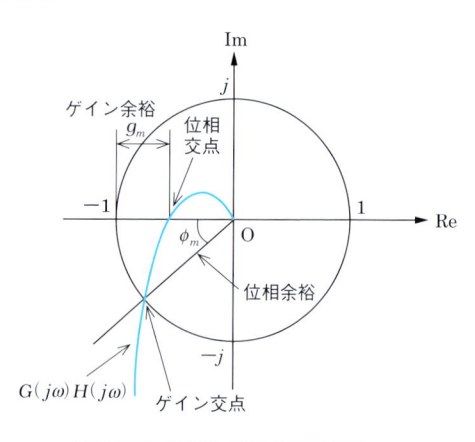

図2 ゲイン余裕と位相余裕

表1 ゲイン余裕と位相余裕の目安

制御系の種類	ゲイン余裕〔dB〕	位相余裕〔°〕
サーボ系	10〜20	40〜60
プロセス系	3〜10	20 以上

制御系の安定性を判定するには，後述する特性方程式を用いる方法，ナイキストの安定判別法，ラウスおよびフルビッツの安定判別法などがある．

制御系における安定の定義 1

例題 1 図 3 は，あるフィードバック制御系に関する一巡周波数伝達関数のボード線図を示したものである．安定限界に達するまでに増加できる（または減少すべき）ゲイン〔dB〕の概数値を求めよ．

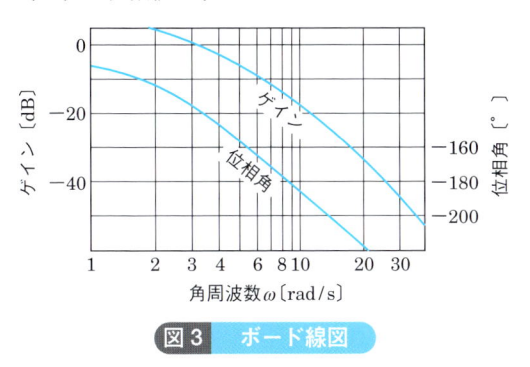

図 3　ボード線図

解答　位相曲線が $-180°$ と交わる位相交点の角周波数 ω におけるゲインと 0 dB との差がゲイン余裕である．与えられた図から求めると 15 dB となる．

15 dB　（答）

問題 1　下記の記述中の空白箇所①，②および③に当てはまる正しい字句または数値を記入せよ．
　自動制御系における　①　は，一般に負になっているので，不安定になることはないように思われる．しかし，一般に制御系は，周波数が増大するにつれて入力信号に対する出力信号の位相が遅れる特性を持っており，一巡周波数伝達関数の位相の遅れが　②　になる周波数に対しては，　①　は正になる．制御系にはあらゆる周波数成分を持った雑音が存在するので，その周波数における一巡周波数伝達関数のゲインが　③　になると，その周波数成分が増大していき，ついには不安定になる．これがナイキストの安定判別法の大まかな解釈である．

4章 安定判別法

ボード線図を用いた安定判別法

ボード線図を使えば制御系のゲイン余裕と位相余裕を簡単に求めることができる．

ボード線図において，位相特性が $-180°$ となる角周波数のゲイン値を求め，このときのゲイン値が，
- ① 負であれば安定
- ② 0であれば安定限界
- ③ 正であれば不安定

と判断できる．また，ゲインが 0 dB となる角周波数の位相特性が，
- ① $-180°$ より小さいとき安定
- ② $-180°$ ならば安定限界
- ③ $-180°$ より大きいとき不安定

と判断できる．

2 特性方程式を用いた安定判別法

1 特性方程式

例えば図1に示す閉ループ制御系において,系全体の伝達関数 $W(s)$ は,次式で求めることができる.

$$W(s) = \frac{C(s)}{R(s)} = \frac{G(s)}{1 + G(s)H(s)} \tag{1}$$

式(1)の分母を0と置いた次式を,閉ループ系の**特性方程式**という.

$$1 + G(s)H(s) = 0 \tag{2}$$

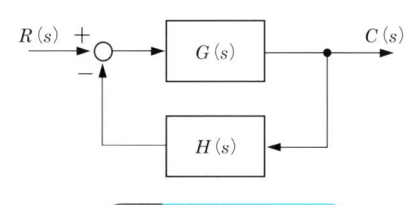

図1 閉ループ制御系

2 特性方程式による安定判別法

ここで,式(2)によって示される特性方程式の過渡応答 $c(t)$ の一般解が,次式で表されるとする.

$$c(t) = A_1 \varepsilon^{\gamma_1 t} + A_2 \varepsilon^{\gamma_2 t} + A_3 \varepsilon^{\gamma_3 t} + \cdots\cdots + A_n \varepsilon^{\gamma_n t} \tag{3}$$

ただし,$\gamma_1, \gamma_2, \gamma_3, \cdots\cdots, \gamma_n$:特性根,$A_1, A_2, A_3, \cdots\cdots, A_n$:定数,$n$:正整数

式(3)に示される $c(t)$ が一定値に収束すれば,制御系は安定な状態に落ち着く.しかし,特性根にたとえ一つだけでも正の値があった場合,式(3)は時間の経過とともに増大して発散する.例えば,ある制御系に単位インパルス信号を与えたとき制御系は,特性根の違いによって図2に示すような応答をする.

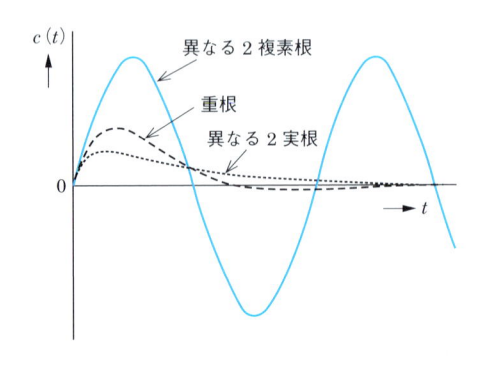

図2 特性方程式とインパルス応答の関係

なお，この図では異なる2実根および異なる2複素数のそれぞれに2本ある曲線のうち，1本だけを描いている．

したがって，制御系が発散せず一定値に収束するためには，すべての特性根の実数部が負である必要がある．これをs平面上に示すと，**図3**に示すようになる．この図に示したように，すべての根がs平面の左半分にあるときは安定である．根が一つでもs平面の右側にあるとき，制御系は発散する．すなわちこの制御系は不安定である．

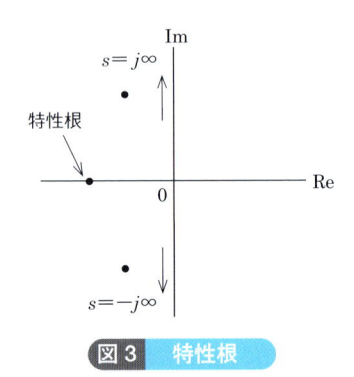

図3 特性根

またs平面の右側に根がなくても，虚軸上に根が一つでもあるとき，この制御系は持続振動を起こす安定限界にある．

ところで，特性方程式がsの三次以上の多項式になると，一般的に特性根を求めることは困難である．この場合は，後述するナイキストの安定判別法やラウス

の安定判別法，またはフルビッツの安定判別法を用いる．

> **例題2** 図4に示す制御系において，次の問に答えよ．
>
> **図4** フィードバック制御系
>
> (1) $G(s) = \dfrac{1}{s(s-2)}$, $H(s) = \dfrac{s-2}{s+3}$ のとき，この系は安定か．
>
> (2) $G(s) = \dfrac{s-1}{s^2(s+2)}$, $H(s) = \dfrac{2s+1}{1-s}$ のとき，この系は安定か．

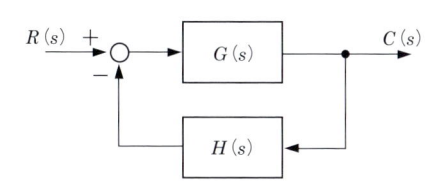

解答 (1) 与えられた制御系の閉ループ伝達関数 $W(s)$ は，次式となる．

$$W(s) = \frac{G(s)}{1 + G(s)H(s)} = \frac{\dfrac{1}{s(s-2)}}{1 + \dfrac{1}{s(s-2)} \cdot \dfrac{s-2}{s+3}} = \frac{s+3}{s(s-2)(s+3) + s - 2}$$

$$= \frac{s+3}{(s-2)(s^2 + 3s + 1)}$$

よって，この制御系の特性方程式は，

$$(s-2)(s^2 + 3s + 1) = 0$$

であるから，s について解けば，

$$s = 2, \quad s = \frac{-3 \pm \sqrt{9 - 4 \times 1}}{2} = \frac{-3 \pm \sqrt{5}}{2}$$

を得る．解に $s = 2$ の正の根があるので，題意の制御系は不安定である．

　不安定　　　（答）

(2) 与えられた制御系の閉ループ伝達関数を $W'(s)$ とすれば，

$$W'(s) = \frac{\dfrac{s-1}{s^2(s+2)}}{1 + \dfrac{s-1}{s^2(s+2)} \cdot \dfrac{2s+1}{1-s}} = \frac{(s-1)(1-s)}{s^2(s+2)(1-s) + (s-1)(2s+1)}$$

$$= \frac{s-1}{s^2(s+2)-(2s+1)} = \frac{s-1}{s^3+2s^2-2s-1}$$
$$= \frac{s-1}{(s-1)(s^2+3s+1)} = \frac{1}{s^2+3s+1}$$

よって，この制御系の特性方程式は，
$$s^2 + 3s + 1 = 0$$
であるから，この式を s について解けば，
$$s = \frac{-3 \pm \sqrt{9-4\times 1}}{2} = \frac{-3 \pm \sqrt{5}}{2}$$
$$\therefore \quad s = -0.3819, \; -2.618$$
となり，$s<0$ であるから制御系は安定である．

安定　　（答）

二次方程式の解の公式

自動制御を学習するには，ある程度の数学力が要求されるので取っつきにくいといわれている．前述した特性方程式が二次方程式である場合，その特性根は，数学で学習した二次方程式の解の公式を用いれば求めることができる．

(1) $ax^2 + bx + c = 0$ の解
$$x = \frac{-b \pm \sqrt{b^2 - 4ac}}{2a}$$

(2) $ax^2 + 2b'x + c = 0$ の解
$$x = \frac{-b' \pm \sqrt{b'^2 - ac}}{a}$$

3 ナイキストの安定判別法

1 ナイキストの安定判別法とは

ナイキストの安定判別法は，開ループ周波数伝達関数（一巡周波数伝達関数）$G(j\omega)$ のゲイン $|G(j\omega)|$ と位相角（偏角）$\angle|G(j\omega)|$ を用いて判別する方法である．例えば，図1に示すフィードバック制御系において，開ループ伝達関数（一巡伝達関数）は，ループの1箇所を切り開き，一筆書きの要領でループをたどったときの伝達関数の符号を変えたものとして示される．この図では，$M(s)N(s)$ が開ループ伝達関数 $G(s)$ になる．

開ループ周波数伝達関数 $G(j\omega)$ は，この開ループ伝達関数の s を $j\omega$ に置き換えればよいから，$G(j\omega) = M(j\omega)N(j\omega)$ となる．

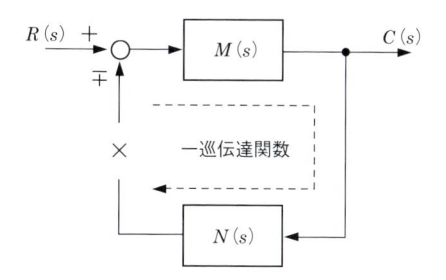

図1 閉ループ伝達関数

ナイキストの安定判別法は，この一巡周波数伝達関数 $G(j\omega)$ のゲイン $|G(j\omega)|$ と偏角 $\angle|G(j\omega)|$ を $\omega = -\infty \sim 0 \sim \infty$ の範囲について求めたベクトル軌跡を，極座標あるいは直交座標のいずれかに描き，このベクトル軌跡上に ω の値を目盛った**ナイキスト線図**を用いて，制御系の安定性を判別するものである．

2 ナイキストの安定判別法を用いた判定例

例えば，開ループ周波数伝達関数 $G(j\omega)$ が，

$$G(j\omega) = \frac{1}{(1+j\omega)(2+j\omega)(3+j\omega)} = \frac{1}{6(1-\omega^2)+j\omega(11-\omega^2)} \tag{1}$$

であるとき，$\omega=0 \sim \infty$ の範囲でベクトル軌跡を求めると，**図2**の実線で示されるようになる．また，$\omega=0 \sim -\infty$ の範囲でベクトル軌跡を描くとこの図の点線で示すようになる．この図に示されるように，$G(j\omega)$ と $G(-j\omega)$ は，実軸に対して対称である．これは $G(j\omega)$ と $G(-j\omega)$ が共役複素数のためである．このようなことからナイキストの安定判別法では，もっぱら $\omega=0 \sim \infty$ の範囲だけを描いたベクトル軌跡が用いられる．

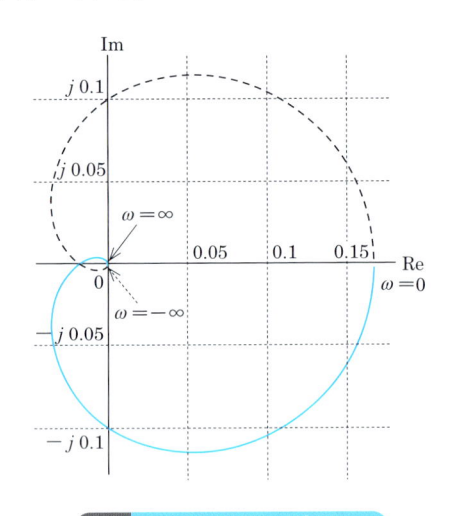

図2　ナイキスト線図

ところで，前述したように制御系が安定であるためには，1節の図1に示したように，ゲイン余裕が正であり，位相余裕が $0°$ より大きいことが必要である．具体的には，開ループ伝達関数 $G(j\omega)$ のベクトル軌跡が**図3**に示される場合，ゲイン余裕 g_m は，$G(j\omega)$ のベクトルが虚軸上に位置したときの $(-1, j0)$ の点と，このベクトルの先端までの大きさとなる．また位相余裕 ϕ_m は，$G(j\omega)$ のベクトルが，半径1の単位円と交わる点における実軸となす角である．

ちなみにこの図に示す周波数伝達関数 $G(j\omega)$ は，
$$G(j\omega) = \frac{K}{(1-2\omega^2)+j\omega(2-\omega^2)}$$

であり，ゲイン定数 K の値を 1.5，3，4.5 と変化させたものである． $K=1.5$ のときのベクトル軌跡は，図3の点線となり安定である． $K=3$ のときは，実線のようになり安定限界となる．また $K=4.5$ となると，一点鎖線に示されるように不安定となる．

ところで，前述したように制御系が安定であるか不安定であるかは，ゲイン余裕 $g_m>0$ および位相余裕 $\phi_m>0°$ であることが必要である．これらを同時に満たすベクトル軌跡は，$(-1, j0)$ の点を左側に見ながら通過するときである．また，$(-1, j0)$ の点の上を通過するときは，ゲイン余裕 $g_m=0$ および位相余裕 $\phi_m=0°$ で安定限界となり，また，$(-1, j0)$ の点を右側に見て通過するときは，ゲイン余裕 $g_m<0$ および位相余裕 $\phi_m<0°$ で不安定となる．

ナイキストの安定判別法は，$(-1, j0)$ の点に着目して，ベクトル軌跡がどのように変化するかを見て安定判別するものである．つまり，一巡周波数伝達関数（開ループ伝達関数）のベクトル軌跡が $(-1, j0)$ の点を

① 左側に見て通過すると安定
② 点の上を通過すると安定限界
③ 右側に見て通過すると不安定

である*．

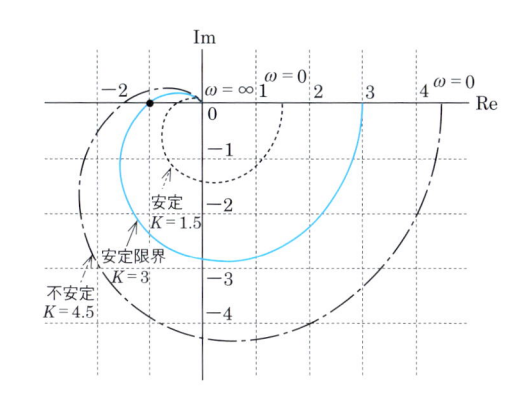

図3　ナイキストの安定判別法

---

* ナイキストの安定判別法は，厳密にはより複雑な定理であるが，自動制御の安定判別には上述した方法で十分である．これを簡易化したナイキストの安定判別法と呼ぶこともあるが，単にナイキストの安定判別法と呼ばれることが多い．

4章 安定判別法

例題3 図4は，ある自動制御系の開路伝達関数 $KG(j\omega)$ のベクトル軌跡（ナイキスト線図）を示したグラフである．図中の①，②および③のそれぞれの場合において，系の安定判別をせよ．

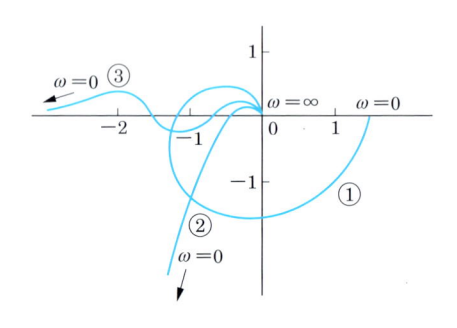

図4 ナイキスト線図

解答 角周波数 ω を 0 から ∞ に変化させたときのベクトル軌跡が $(-1, j0)$ の点を左に見て進むのは，②および③である．

①不安定　　②安定　　③安定　　（答）

例題4 前節の例題2でとり上げた図4に示す制御系において，次の各条件におけるナイキスト線図を描き安定判別せよ．

(1) $G(s) = \dfrac{1}{s-2}$, $H(s) = \dfrac{-3 \cdot (s-2)}{s+2}$ のとき，この系は安定か．

(2) $G(s) = \dfrac{s-1}{s+1}$, $H(s) = \dfrac{2s+1}{s+2}$ のとき，この系は安定か．

解答 (1) 与えられた制御系の一巡周波数伝達関数は，

$$G(j\omega)H(j\omega) = \frac{1}{j\omega - 2} \cdot \frac{-3(j\omega - 2)}{j\omega + 2} = \frac{-3}{2 + j\omega}$$

となる．この一巡周波数伝達関数のナイキスト線図を描くと**図5**が得られる．この図に示されるように一巡周波数伝達関数のベクトル軌跡は，$(-1, j0)$ の点を右に見て通過するので，制御系は不安定である．

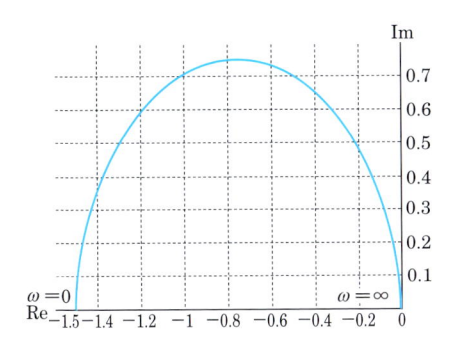

図5 例題4（1）のナイキスト線図

(2) 与えられた制御系の一巡周波数伝達関数は，

$$G(j\omega)H(j\omega) = \frac{j\omega-1}{j\omega+1} \cdot \frac{j2\omega+1}{j\omega+2} = \frac{-1-2\omega^2-j\omega}{2-\omega^2+j3\omega}$$

となる．この一巡周波数伝達関数のナイキスト線図を描くと**図6**が得られる．この図に示されるように，一巡周波数伝達関数のベクトル軌跡は，$(-1, j0)$ の点を左に見て通過するので，制御系は安定である．

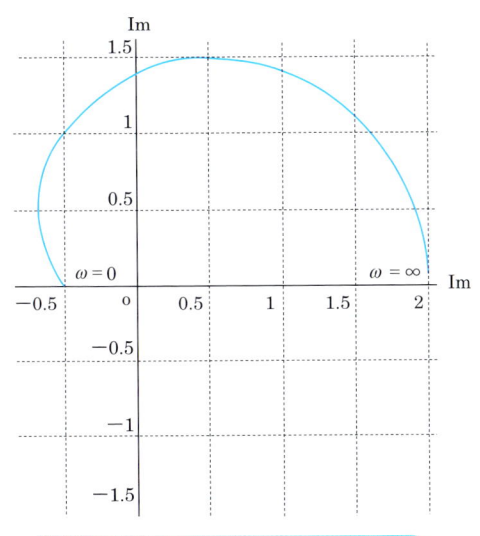

図6 例題2（2）のナイキスト線図

問題2 次の記述中の空白箇所①，②および③に当てはまる正しい字句を記入せよ．

フィードバック制御系における一巡周波数伝達関数 $G(j\omega)$ に対して角周波数 ω を変化させたとき，$G(j\omega)$ が描くベクトルの先端の軌跡を複素平面上に描いたものを ① 線図という．この ① 線図を用いれば，制御系の安定判別を行うことができる．

① 線図で，$G(j\omega)$ のベクトル軌跡が $(-1, j0)$ の点を ② に見て通過するときは安定，この点の上を通過するときは安定限界，③ に見て通過するときは不安定である．

問題3 図7に示すようなフィードバック制御系がある．この場合のナイキスト線図は，図8に示すようになったという．このときの実軸を切る角周波数 ω_0 および実軸の値 a は，それぞれいくらか．

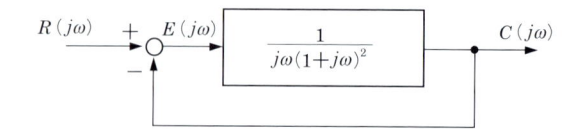

図7 フィードバック系

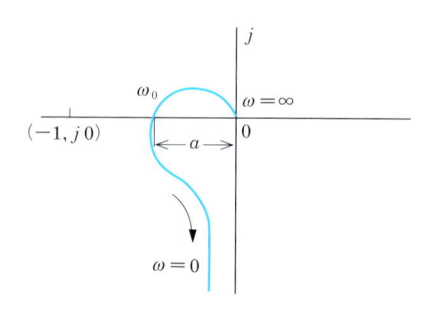

図8 ナイキスト線図

4 ラウスの安定判別法

❶ ラウスの安定判別法とは

特性方程式が s の二次方程式で得られる場合や一巡周波数伝達関数のベクトル軌跡が得られる場合，制御系の安定判別には，前述した特性根を用いる方法や，ナイキストの安定判別法を用いればよい．しかし制御系によっては，特性方程式が s の三次式以上であるときや，ベクトル軌跡を得ることが難しい場合などがある．このようなときに用いられる安定判別法として，ラウスの安定判別法がある．この安定判別法は，次の２点を満たせば制御系が安定であると判定する．つまり，制御系の特性方程式が s の有理多項式で与えられたとき，

① s の各次数の係数がすべて存在し，かつ，同符号であること
② ラウスの配列において，第１列（最左列）の要素がすべて正であること

ここに，制御系の特性方程式とは，前述したように伝達関数の分母を 0 と置いた式である．一方，ラウスの配列は，例えば特性方程式が，

$$a_n s^n + a_{n-1} s^{n-1} + \cdots\cdots a_1 s + a_0 = 0$$

として与えられたとき，次のようにして求めた数列のことをいう．

$$\begin{array}{c|cccc} s^n & a_n & a_{n-2} & a_{n-4} & \cdots \\ s^{n-1} & a_{n-1} & a_{n-3} & a_{n-5} & \cdots \\ s^{n-2} & a_{31} & a_{32} & a_{33} & \cdots \\ s^{n-3} & a_{41} & a_{42} & a_{43} & \cdots \\ \vdots & \vdots & \vdots & \vdots & \cdots \end{array}$$

ただし，

$$a_{31} = \frac{a_{n-1} a_{n-2} - a_n a_{n-3}}{a_{n-1}}, \quad a_{32} = \frac{a_{n-1} a_{n-4} - a_n a_{n-5}}{a_{n-1}}$$

$$a_{41} = \frac{a_{31} a_{n-3} - a_{n-1} a_{32}}{a_{31}}, \quad a_{42} = \frac{a_{31} a_{n-5} - a_{n-1} a_{33}}{a_{31}}$$

……　　　　　　　　　……

4章 安定判別法

> **例題5** 図1はある自動制御系のブロック線図であり，T_1，T_2 および K はそれぞれ定数，s はラプラス演算子である．次の問に答えよ．
>
> **図1** 自動制御系のブロック線図
>
> (1) この制御系全体の伝達関数 $C(s)/R(s)$ （閉ループ伝達関数）を求めよ．
> (2) この制御系が安定であるための K の値の範囲を求めよ．

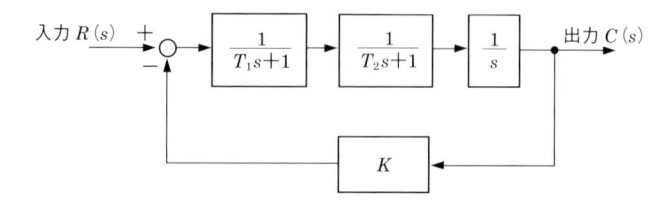

解答 (1) 与えられたブロック線図において，前向き伝達関数を $G(s)$ とすれば

$$\frac{1}{T_1 s + 1}, \quad \frac{1}{T_2 s + 1}, \quad \frac{1}{s}$$

の三つの伝達関数の合成伝達関数として表すことができる．すなわち，

$$G(s) = \frac{1}{T_1 s + 1} \cdot \frac{1}{T_2 s + 1} \cdot \frac{1}{s} = \frac{1}{s(T_1 s + 1)(T_2 s + 1)}$$

となる．よって，この制御系全体の伝達関数 $C(s)/R(s)$ は，

$$\frac{C(s)}{R(s)} = \frac{G(s)}{1 + KG(s)} = \frac{\dfrac{1}{s(T_1 s + 1)(T_2 s + 1)}}{1 + K \dfrac{1}{s(T_1 s + 1)(T_2 s + 1)}}$$

$$= \frac{1}{s(T_1 s + 1)(T_2 s + 1) + K} \quad (1)$$

$$= \frac{1}{T_1 T_2 s^3 + (T_1 + T_2) s^2 + s + K} \quad \text{（答）}$$

(2) この制御系の特性方程式は，式 (1) の分母を0と置いた式である．すなわち，

$$T_1 T_2 s^3 + (T_1 + T_2) s^2 + s + K = 0 \quad (2)$$

である．この制御系が安定であるためには，
① 特性方程式における s の各次数の係数がすべて存在し，かつ，正であること
② ラウスの配列における第1列の $(n+1)$ 個の要素がすべて正であること
　よって，①の条件から，

$$T_1 T_2 > 0, \quad T_1 + T_2 > 0, \quad K > 0 \quad (3)$$

を導くことができる．次に②の条件を判定するためラウスの配列を作ると次のようになる．

s^3	$T_1 T_2$	1
s^2	$T_1 + T_2$	K
s^1	$\dfrac{T_1 + T_2 - T_1 T_2 K}{T_1 + T_2}$	
s^0	K	

制御系が安定となる条件は，ラウスの配列における第 1 列目の要素がすべて正であることであるから，

$$\frac{T_1 + T_2 - T_1 T_2 K}{T_1 + T_2} > 0$$

$$1 - \frac{T_1 T_2}{T_1 + T_2} K > 0$$

$$1 > \frac{T_1 T_2}{T_1 + T_2} K \tag{4}$$

$$\therefore \quad \frac{T_1 + T_2}{T_1 T_2} > K$$

となる．したがって，式 (3) と式 (4) を同時に満たす K の範囲は次式となる．

$$\frac{T_1 + T_2}{T_1 T_2} > K > 0 \qquad \text{（答）}$$

ラウスの安定判別法とフルビッツの安定判別法

　ラウスの安定判別法は，1877 年に発表され，後述するフルビッツの安定判別法は，1893 年に発表されている．二つの判別法は異なる方法のように見えるが，数学的には，等価であることが証明されている．このため，ラウス－フルビッツの安定判別法といわれることもある．

　これらの安定判別法は，制御系に，むだ時間要素を含む場合は，適用することができない．しかし，むだ時間要素を 5 節：フルビッツの安定判別法の例題 6 に示すように有理関数で近似すれば，ラウスの安定判別法またはフルビッツの安定判別法のいずれでも安定判別が可能である．

5 フルビッツの安定判別法

ラウスの安定判別法と同様にフルビッツの安定判別法も，制御系の特性方程式が s の三次式以上であるときや，ベクトル軌跡を得ることが難しい場合などに適用される．

フルビッツの安定判別法は，制御系の特性方程式が s の有理多項式で与えられたとき，この制御系が安定する条件として，次の2点をあげている．

① 特性方程式における s の各次数の係数がすべて存在し，かつ，同符号であること
② フルビッツの行列式 H_i の値がすべて同符号であること

なおフルビッツの行列式 H_i は，フルビッツの行列 H を用い，次のように定義されている．

$$H = \begin{bmatrix} a_{n-1} & a_{n-3} & a_{n-5} & \cdots & \cdots & \vdots \\ a_n & a_{n-2} & a_{n-4} & \cdots & \cdots & \vdots \\ 0 & a_{n-1} & a_{n-3} & a_{n-5} & \cdots & \vdots \\ 0 & a_n & a_{n-2} & a_{n-4} & \cdots & \vdots \\ \vdots & \vdots & \vdots & \vdots & \cdots & \vdots \\ 0 & 0 & 0 & 0 & \cdots & a_0 \end{bmatrix}$$

$H_1 = a_{n-1}$

$H_2 = \begin{vmatrix} a_{n-1} & a_{n-3} \\ a_n & a_{n-2} \end{vmatrix}$

$H_3 = \begin{vmatrix} a_{n-1} & a_{n-3} & a_{n-5} \\ a_n & a_{n-2} & a_{n-4} \\ 0 & a_{n-1} & a_{n-3} \end{vmatrix}$

$H_i = \cdots\cdots$

フルビッツの安定判別法 5

> **例題 6** むだ時間要素を含む，図1に示す制御系がある．次の問に答えよ．
>
> $R(s) \xrightarrow{+} \bigcirc \rightarrow \boxed{\dfrac{2}{s(s+3)}} \rightarrow \boxed{\varepsilon^{-2s}} \rightarrow C(s)$
>
> **図1** むだ時間要素を含む制御例
>
> (1) この制御系の特性方程式を求めよ．
> (2) むだ時間要素が次の第一次近似式で近似できるとき，制御系の安定判別をせよ．
>
> $$\varepsilon^{-Ls} \fallingdotseq \dfrac{2-Ls}{2+Ls}$$

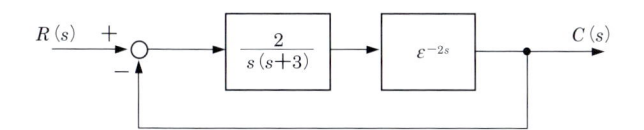

解答 (1) この制御系の伝達関数 $W(s)=C(s)/R(s)$ は，

$$W(s) = \dfrac{\dfrac{2}{s(s+3)}\varepsilon^{-2s}}{1+\dfrac{2}{s(s+3)}\varepsilon^{-2s}} = \dfrac{2\varepsilon^{-2s}}{s(s+3)+2\varepsilon^{-2s}} = \dfrac{2\varepsilon^{-2s}}{s^2+3s+2\varepsilon^{-2s}}$$

である．したがって特性方程式は，この式の分母を 0 と置いた次式となる．

$s^2+3s+2\varepsilon^{-2s}=0$ 〔答〕

(2) (1)で求めた特性方程式に，むだ時間要素の第一次近似式を代入すれば，次式を得る．

$$s^2+3s+2\times\dfrac{2-2s}{2+2s} = s^2+3s+\dfrac{2-2s}{1+s}=0$$

$$s^2(1+s)+3s(1+s)+2-2s=0$$

$$s^3+4s^2+s+2=0$$

この式は，s のすべての係数が存在し，かつ，同符号であるので，制御系の安定条件の一つを満たしている．次に，フルビッツの行列式を求めると次式のようになる．

$$H_1 = |4| = 4 > 0$$

$$H_2 = \begin{vmatrix} 4 & 2 \\ 1 & 1 \end{vmatrix} = 4\times 1 - 1\times 2 = 2 \quad > 0$$

フルビッツの行列式の値はすべて正であるので，フルビッツの安定条件を満たしている．よってこの制御系は安定である． 〔答〕

4章 安定判別法

行列と行列式

行列は**図2**の(a)に示すように，n 行 m 列の配列に数，文字，数式を単に並べたものである．一方，行列式は図2の(b)に示すように，n 行 n 列の配列（これを正方行列（square matrix）という）に数を並べたもので，行列式自体が数値（行列式の値：スカラ量）を持つものである．

$$\begin{pmatrix} a_{11} & a_{12} & a_{13} & \cdots & a_{1(m-1)} & a_{1m} \\ a_{21} & a_{22} & a_{23} & \cdots & a_{2(m-1)} & a_{2m} \\ \vdots & \vdots & \vdots & & \vdots & \vdots \\ a_{(n-1)1} & a_{(n-1)2} & a_{(n-1)3} & \cdots & a_{(n-1)(m-1)} & a_{(n-1)m} \\ a_{n1} & a_{n2} & a_{n3} & \cdots & a_{n(m-1)} & a_{nm} \end{pmatrix}$$

(a) 行 列

$$\begin{vmatrix} a_{11} & a_{12} & a_{13} & \cdots & a_{1(n-1)} & a_{1n} \\ a_{21} & a_{22} & a_{23} & \cdots & a_{2(n-1)} & a_{2n} \\ \vdots & \vdots & \vdots & & \vdots & \vdots \\ a_{(n-1)1} & a_{(n-1)2} & a_{(n-1)3} & \cdots & a_{(n-1)(n-1)} & a_{(n-1)n} \\ a_{n1} & a_{n2} & a_{n3} & \cdots & a_{n(n-1)} & a_{nn} \end{vmatrix}$$

(b) 行列式

図2 行列と行列式

日本語の表記では行列と行列式は似ているが，英語表記にするとそれぞれ matrix および determinant となり，まったく異なるものであることがわかる．

行列式の計算

3行3列（3×3）までの計算は，サラスの方法によって計算することができる．

(1) 2行2列
2行2列の行列式として，

$$D_2 = \begin{vmatrix} a_{11} & a_{12} \\ a_{21} & a_{22} \end{vmatrix}$$

が与えられた場合，その値は**図3**に示すように，左上から右下に向かって掛けた値（$a_{11}a_{22}$）から左下から右上に向かって掛けた値（$a_{21}a_{12}$）を引けば求めることができる．
つまり，

$$D_2 = a_{11}a_{22} - a_{21}a_{12}$$

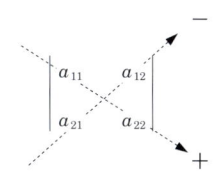

図3 2行2列(2×2)の行列式

である.
(2) 3行3列
3行3列の行列式として,
$$D_3 = \begin{vmatrix} a_{11} & a_{12} & a_{13} \\ a_{21} & a_{22} & a_{23} \\ a_{31} & a_{32} & a_{33} \end{vmatrix}$$
が与えられた場合,その値は**図4**に示すように,右下がり方向に三つの積を求めた値を加える($a_{11}a_{22}a_{33} + a_{13}a_{21}a_{32} + a_{23}a_{12}a_{31}$).そして,この値から左下がり方向に三つの積を求めた値を引くことで,行列式の値を求めることができる($a_{13}a_{22}a_{31} + a_{21}a_{12}a_{33} + a_{11}a_{23}a_{32}$).つまり
$$D_3 = (a_{11}a_{22}a_{33} + a_{13}a_{21}a_{32} + a_{23}a_{12}a_{31}) - (a_{13}a_{22}a_{31} + a_{21}a_{12}a_{33} + a_{11}a_{23}a_{32})$$
となる.

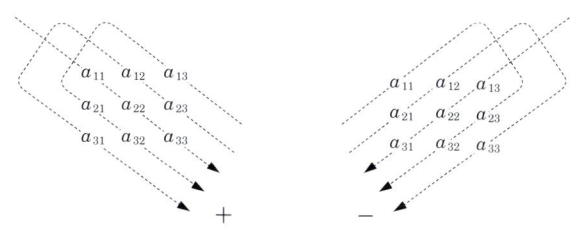

図4 3行×3列(3×3)の行列式

4章 安定判別法

問題4 次の記述中の空白箇所①，②，③，④および⑤に当てはまる正しい字句を記入せよ．

　線形フィードバック制御系の安定判別法として，　①　軌跡から求めるナイキストの安定判別法，　②　式の　③　から配列を作って求める　④　の安定判別法，　⑤　式のかたちで与えられるフルビッツの安定判別法などがある．

余因子を用いた行列式の計算

3行3列（3×3）の行列式は，次のように変形することができる．

$$D_3 = \begin{vmatrix} a_{11} & a_{12} & a_{13} \\ a_{21} & a_{22} & a_{23} \\ a_{31} & a_{32} & a_{33} \end{vmatrix} = a_{11}\begin{vmatrix} a_{22} & a_{23} \\ a_{32} & a_{33} \end{vmatrix} - a_{12}\begin{vmatrix} a_{21} & a_{23} \\ a_{31} & a_{33} \end{vmatrix} + a_{13}\begin{vmatrix} a_{21} & a_{22} \\ a_{31} & a_{32} \end{vmatrix}$$

$$= a_{11}|M_{11}| - a_{12}|M_{12}| + a_{13}|M_{13}|$$

ここで，

$$C_{ij} = (-1)^{i+j}|M_{ij}| \quad \text{ただし，} i:行, j:列$$

と定義したものを行列の余因子という．余因子を用いると行列式は，次のように表すことができる．

$$D = \sum_{i=1}^{n} a_{ij} C_{ij} \quad (j = 1, 2, \cdots\cdots, n)$$

$$= \sum_{j=1}^{n} a_{ij} C_{ij} \quad (i = 1, 2, \cdots\cdots, n)$$

3×3以上の行列式の値を求める場合，この余因子を用いて行列式を3×3以下に展開すればよい．

4章のまとめ

1 制御系における安定の定義
　制御系が所望の制御を行い得るかどうかを判定する基準の一つに安定度がある．安定度は，次の三つで定義される．
(1) 安定：制御系の応答が時間の経過とともにある一定値に落ち着く
(2) 不安定：応答が時間とともに増大する
(3) 安定限界：応答が時間とともに増大も減衰もせず，一定振幅の振動を継続する

2 特性方程式を用いた安定判別法
　特性方程式は，伝達関数の分母を0と置いた式である．特性方程式の根（特性根）の実部（実数部）がすべて負であれば，制御系は安定である．

3 ナイキストの安定判別法
　ナイキストの安定判別法は，開ループ周波数伝達関数（一巡周波数伝達関数）$G(j\omega)$ のゲイン $|G(j\omega)|$ と位相角（偏角）$\angle G(j\omega)$ を用いて判別する方法である．具体的には開ループ伝達関数のベクトル軌跡が $(-1, j0)$ の点のどこを通過するかによって安定判別する．
(1) 点を左側に見て通過すると安定
(2) 点の上を通過すると安定限界
(3) 点を右側に見て通過すると不安定

4 ラウスの安定判別法
　制御系の特性方程式における s の係数およびラウスの配列によって，制御系の安定判別を行う．特性方程式における s の各次数の係数が存在し，かつ，同符号であり，ラウスの配列の第1列目がすべて正であれば，制御系は安定である．

5 フルビッツの安定判別法

　制御系の特性方程式における s の係数およびフルビッツの行列式の値によって，制御系の安定判別を行う．特性方程式における s の各次数の係数が存在し，かつ，同符号であり，フルビッツの行列式の値がすべて正であれば，制御系は安定である．

5章 制御系の特性評価と改善手法

　制御系の特性を改善してより好ましい動作特性を得るための評価方法として，時間領域における評価と，周波数領域における評価がある．また，制御系に対する目標値の変化指令または制御系に加わる外乱などによって，制御系の出力が変化する定常的な応答として定常特性が定義されている．

　一方，制御系の特性を改善することを目的として，適当な要素を制御系内に挿入する補償が行われる．この章では，制御系の特性評価と特性補償法について解説する．

5章 制御系の特性評価と改善手法

1 時間領域における評価

❶ ステップ応答

　制御系にステップ信号を与えたときの応答は，**ステップ応答**といわれる．ステップ応答は3章4節の図2に示したように，時刻 $t<0$ までは0で，$t \geqq 0$ のとき一定の値をとる信号（ステップ信号）を制御系に与えたときの出力応答である．特に単位量1の信号である単位ステップ信号（ユニットステップ信号）を，制御系に入力したときの応答を**インディシャル応答**という．

　一般に，安定な制御系に単位ステップ信号を与えると，3章4節の図6に示した応答波形のように，ある一定値に近づく．このインディシャル応答における諸量は，3章4節の⑤単位ステップ応答を参照のこと．

❷ 一次遅れ系のステップ応答

　伝達関数 $G(s)$ が，次式で示される制御系を**一次遅れ系**という．

$$G(s) = \frac{K}{1+Ts} \tag{1}$$

　　　　ただし，K はゲイン定数，T は時定数．
　ところで単位ステップ関数 $u(t)$ をラプラス変換すると，

$$\mathscr{L}[u(t)] = 1/s$$

となる．したがって一次遅れ要素のインディシャル応答 $c(t)$ は，

$$c(t) = \mathscr{L}^{-1}\left[G(s) \cdot \frac{1}{s}\right] = \mathscr{L}^{-1}\frac{K}{s(1+Ts)}$$

$$= K(1-\varepsilon^{-t/T})$$

と求まる．$K=1$ としてこの式で求められたインディシャル応答を図示すると，図**1**が得られる．この図において $t=0$ のときの勾配（傾き）は，

$$\left.\frac{dc(t)}{dt}\right|_{t=0} = \frac{K}{T} = \frac{1}{T}$$

である．

この T は時定数であり，一次遅れ要素の応答の速さを表す．

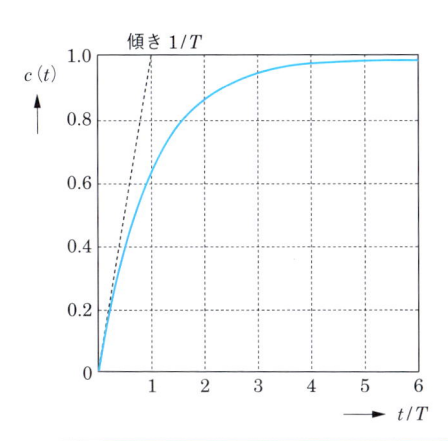

図1　一次遅れ系のインディシャル応答

> **例題 1**　次の記述中の空白箇所①，②，③および④に当てはまる語句または記号を記入せよ．
> 　自動制御系において，一次遅れ要素は最も基本的な要素であり，その特性はゲイン K と時定数 T で記述できる．
> 　□①□応答においてゲイン K は，応答の定常値から求められ，また，時定数 T は，応答曲線の初期傾斜の接線が□②□を表す直線と交わる時間として求められる．
> 　電気系のみならず，機械系，圧力系，熱系などのシステムにも，電気系の抵抗と静電容量に相当する量が存在する．それらが一つの抵抗に相当するものと一つの静電容量に相当するものからなるとき，これらは一次遅れ要素として働き，両者の□③□は，時定数 T（単位は□④□）に等しくなる．

解答　一次遅れ要素の伝達関数 $G(s)$ はゲインを K，時定数を T とすれば，次式で示される．

$$G(s) = \frac{K}{1+Ts}$$

この一次遅れ要素に単位ステップ信号を与えたときの出力の時間変化 $c(t)$ は，

$$c(t) = K(1 - \varepsilon^{-t/T})$$

となる．時刻 t が時定数 T になったときの出力値 $c(T)$ と，定常状態に達したときの出力 $c(\infty)$ との比をとると，

$$\frac{c(T)}{c(\infty)} = \frac{K(1-\varepsilon^{-1})}{K(1-\varepsilon^{-\infty})} = \frac{0.6321}{1} = 0.6321$$

となる．

①ステップ　②定常値　③積　④s（秒）　　（答）

3 二次遅れ系のステップ応答

式（2）で示される伝達関数 $G(s)$ は，**二次遅れ要素**の標準形である．

$$G(s) = \frac{\omega_n^2}{s^2 + 2\zeta\omega_n s + \omega_n^2} \tag{2}$$

ただし，ω_n：固有角周波数〔rad/s〕，ζ：減衰係数

式（2）の特性方程式は，この式の分母を 0 と置いた式である．

$$s^2 + 2\zeta\omega_n s + \omega_n^2 = 0 \tag{3}$$

また式（3）を s について解いた値を**特性根**といい，この式の特性根は，次式となる．

$$s = \left(-\zeta \pm \sqrt{\zeta^2 - 1}\right)\omega_n \tag{4}$$

式（4）で求められる二つの特性根を s_1 および s_2 とし，

$$s_1 = \left(-\zeta + \sqrt{\zeta^2 - 1}\right)\omega_n \tag{5}$$

$$s_2 = \left(-\zeta - \sqrt{\zeta^2 - 1}\right)\omega_n \tag{6}$$

とすれば，二次遅れ系のインディシャル応答 $c(t)$ は，次式となる．

$$\begin{aligned} c(t) &= \mathscr{L}^{-1}\left[\frac{\omega_n^2}{s(s^2 + 2\zeta\omega_n s + \omega_n^2)}\right] \\ &= \mathscr{L}^{-1}\left[\frac{\omega_n^2}{s(s-s_1)(s-s_2)}\right] \end{aligned} \tag{7}$$

式（5）〜（7）が示すように二次遅れ系は，減衰係数 ζ の値によって異なるインディシャル応答を示す．式（7）の逆ラプラス変換は難度が高いので，ここでは，その結果だけを示す．

1 $\zeta > 1$ のとき

$$c(t) = 1 - \varepsilon^{-\zeta\omega_n t} \frac{\sinh(\sqrt{\zeta^2 - 1}\,\omega_n t) + \gamma}{\sqrt{\zeta^2 - 1}} \tag{8}$$

ただし，$\gamma = \tanh^{-1}(\sqrt{\zeta^2 - 1}/\zeta)$

　$\zeta > 1$ の場合，ζ の値が大きいほどゆっくりと最終値（目標値）へと近づいていく．これを**過制動**という．

2 $\zeta = 1$ のとき

$$c(t) = 1 - (1 + \omega_n t)\varepsilon^{-\omega_n t} \tag{9}$$

　このときの応答は，最も速く最終値（目標値）へ到達する．これを**臨界制動**という．

3 $0 < \zeta < 1$ のとき

$$c(t) = 1 - \varepsilon^{-\zeta\omega_n t} \frac{\sin(\sqrt{1 - \zeta^2}\,\omega_n t + \varphi)}{\sqrt{1 - \zeta^2}} \tag{10}$$

ただし，$\varphi = \tan^{-1}(\sqrt{1 - \zeta^2}/\zeta)$

　このとき制御系の応答は，振動的であり，安定性が悪い．また ζ の値が小さいほど，最大行き過ぎ量が大きくなる．これを**不足制動**という．

　ζ の値と二次遅れ制御系の単位ステップ応答（インディシャル応答）との関係は，3章4節の図8を参照のこと．

例題 2　図 2 に示すブロック線図で表される制御系で $N=1$ のときのインディシャル応答を求めよ．

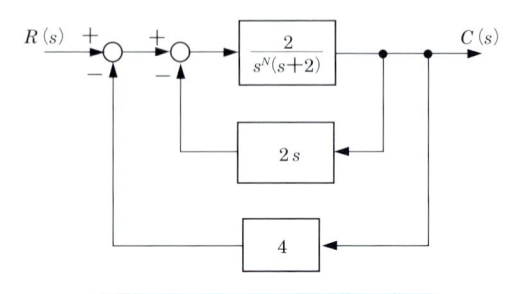

図 2　二重ループを有する制御系

解答　このブロック図において内側ループの伝達関数を $G_N(s)$ とすれば，

$$G_N(s) = \frac{\dfrac{2}{s^N(s+2)}}{1+\dfrac{4s}{s^N(s+2)}} = \frac{2}{s^N(s+2)+4s} \tag{11}$$

であるから，全体の閉路伝達関数 $W(s)$ は，次のように求まる．

$$W(s) = \frac{C(s)}{R(s)} = \frac{G_N(s)}{1+4G_N(s)} = \frac{\dfrac{2}{s^N(s+2)+4s}}{1+\dfrac{8}{s^N(s+2)+4s}}$$

$$= \frac{2}{s^N(s+2)+4s+8} = \frac{2}{s^{N+1}+2s^N+4s+8} \tag{12}$$

この制御系において $N=1$ のときの伝達関数は，式 (12) に $N=1$ を代入すればよい．

$$W(s) = \frac{2}{s^2+2s+4s+8} = \frac{2}{s^2+6s+8} \tag{13}$$

したがって式 (13) の伝達関数 $W(s)$ で示される制御系に，$R(s)=1/s$ の単位ステップ信号を入力したときの応答 $C(s)$ は，

$$C(s) = W(s)R(s) = \frac{2}{s^2+6s+8} \cdot \frac{1}{s} = \frac{2}{s(s+2)(s+4)}$$

$$= \frac{1}{4}\left(\frac{1}{s} - \frac{2}{s+2} + \frac{1}{s+4}\right) \tag{14}$$

となる．ここで式 (14) を逆ラプラス変換すれば，次式を得る．

$$c(t) = \frac{1}{4}\left(1 - 2\varepsilon^{-2t} + \varepsilon^{-4t}\right) \quad \text{（答）} \tag{15}$$

この式（15）は，与えられた制御系に単位ステップ信号を与えたときの応答を表す式であり，この応答波形 $c(t)$ は，図3 に示すようになる．

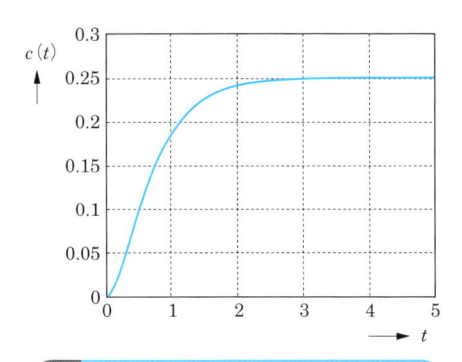

図3 $c(t)=\dfrac{1}{4}(1-2\varepsilon^{-2t}+\varepsilon^{-4t})$ のグラフ

問題 1 次の記述中の空白箇所①，②，③，④および⑤に当てはまる正しい字句を記入せよ．

二次遅れ要素の伝達関数の一般形は，

$$\frac{\omega_n^2}{s^2+2\zeta\omega_n s+\omega_n^2}$$

で表される．この式の ω_n は ① ，ζ は ② である．

二次遅れ系のステップ応答は，減衰率 ζ が $\zeta<$ ③ になると行き過ぎを生じるが，周波数特性の振幅特性は，$\zeta<$ ④ にならなければある周波数でピークを持つようにならない．このピークの値を ⑤ と呼び，制御系における設計の目安として用いられている．

2 周波数領域における評価

制御系に正弦波交流を与え,その角周波数を変化させると制御系の出力信号が変化する.この出力信号によって制御系を評価することが,周波数領域における評価である.

1 バンド幅と制御系の応答性

一般に制御系の周波数特性は,周波数がある値を超えるとゲインが低下する,いわゆる低域通過フィルタ(ローパスフィルタ)と同様の特性を示す.制御系の周波数特性のゲインが $\omega=0$〔rad/s〕における値から 3 dB($1/\sqrt{2}$)低下する周波数を,制御系の**バンド幅**という(3章3節のボード線図を参照).

制御系は,バンド幅が広いほど応答が速い.またバンド幅は,立ち上がり時間,遅延時間と密接な関係があり,速応性の尺度として用いられる.

2 共振値と共振周波数

制御系における閉ループ周波数特性のゲインが,**図1**に示すように特定の周

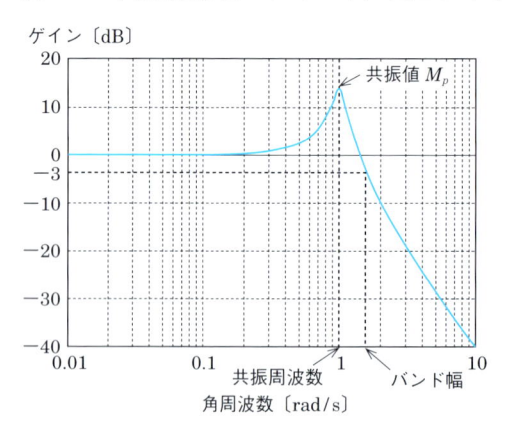

図1 閉ループ周波数特性のゲイン

波数で極大値を持つことがある．この現象を**共振**（resonance）といい，そのときのゲインの最大値を**共振値**という．またそのときの周波数を**共振周波数**という．

二次遅れ制御系の場合，共振値を安定度の尺度として考えることができる．

例えば，二次遅れ要素（二次振動系）の伝達関数の一般形は，減衰係数を ζ，固有角周波数を ω_n とすると次式で与えられる．

$$G(s) = \frac{\omega_n^2}{s^2 + 2\zeta\omega_n s + \omega_n^2} \tag{1}$$

式（1）から制御系の周波数伝達関数 $G(j\omega)$ は，

$$G(j\omega) = \frac{\omega_n^2}{(\omega_n^2 - \omega^2) + j2\zeta\omega_n\omega} \tag{2}$$

となる．ここで式（2）の絶対値，すなわちゲイン g を求めると，

$$g = |G(j\omega)| = \frac{\omega_n^2}{\sqrt{(\omega_n^2 - \omega^2)^2 + 4\zeta^2\omega_n^2\omega^2}} \tag{3}$$

となる．式（3）を極大にする ω が存在する場合，制御系は共振する．

ここで，制御系が共振するかどうかを確かめるため，式（3）の分母における根号の中を ω で微分して，分母を最小とする ω を求めると次式を得る．

$$\omega = \omega_n\sqrt{1 - 2\zeta^2} \tag{4}$$

この ω が実数として存在するためには，式（4）の根号内が正である必要がある．

$$1 - 2\zeta^2 > 0$$
$$\therefore \quad \zeta < 1/\sqrt{2} = 0.707$$

すなわち $\zeta < 1/\sqrt{2} = 0.707$ になると，この系はピークを持つようになり共振する．このピークの値を**共振値**と呼び，制御系における安定度の尺度として用いられている．

$$共振値 \quad M_p = \frac{1}{2\zeta\sqrt{1 - \zeta^2}}$$

共振値はサーボ系では 1.2 ～ 1.4 くらいにとり，プロセス系では 1.5 ～ 2.5 ぐらいにとるのが好ましいとされている．

例えば，共振角周波数 $\omega_n = 1$〔rad/s〕のとき，減衰係数 ζ を変化させるとゲ

インは，図**2**に示すように変化する．また$\omega_n > 1$〔rad/s〕のとき，ゲインは-40 dB/dec となる．

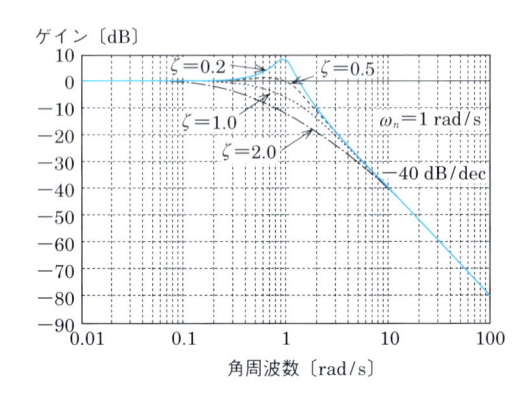

図2 減衰係数 ζ とゲインの関係

> **例題3** 伝達関数 $G(s)$ が次式で与えられる直結フィードバック系（ユニティフィードバック系）の共振値 M_p，共振周波数 ω_p および遮断周波数 ω_b をそれぞれ求めよ．
>
> $$G(s) = \frac{5}{s(0.2s + 1)}$$

解答 与えられた制御系を図示すると**図3**のようになる．この図から制御系全体の伝達関数 $W(s) = C(s)/R(s)$ を求めると，

$$W(s) = \frac{G(s)}{1 + G(s)} = \frac{\dfrac{5}{s(0.2s+1)}}{1 + \dfrac{5}{s(0.2s+1)}} = \frac{5}{s(0.2s+1) + 5}$$
$$= \frac{5}{0.2s^2 + s + 5} = \frac{25}{s^2 + 5s + 25} \tag{5}$$

となる．

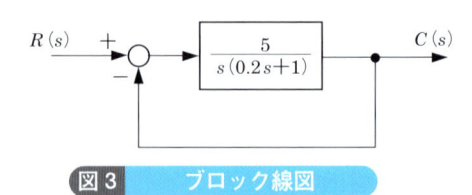

図3 ブロック線図

ここで式 (5) と二次遅れ要素の標準形を比較すると，減衰係数 ζ および固有角周波数 ω_n は，次のように求まる．

$$\frac{25}{s^2+5s+25} = \frac{\omega_n^2}{s^2+2\zeta\omega_n s+\omega_n^2}$$

$\omega_n^2 = 25$
∴ $\omega_n = 5$ 〔rad/s〕 (∵ $\omega_n > 0$)
$2\zeta\omega_n = 2\zeta \times 5 = 5$
∴ $\zeta = 0.5$

したがって，共振値 M_p は，

$$M_p = \frac{1}{2\zeta\sqrt{1-\zeta^2}} = \frac{1}{2 \times 0.5 \times \sqrt{1-0.5^2}} = 1.154$$

となるから，デシベルで表すと，

$$M_p = 20\log_{10}1.154 = 1.244 \fallingdotseq 1.24 \text{〔dB〕}$$

と求まる．また共振角周波数 ω_p は，

$$\omega_p = \omega_n\sqrt{1-2\zeta^2} = 5 \times \sqrt{1-2 \times 0.5^2} = 3.535 \fallingdotseq 3.54 \text{〔rad/s〕}$$

と求まる．次に制御系全体の伝達関数 $W(s)$ の周波数伝達関数 $W(j\omega)$ は，次式となる．

$$W(j\omega) = \frac{25}{(j\omega)^2+j5\omega+25} = \frac{25}{25-\omega^2+j5\omega}$$

したがって $W(j\omega)$ のゲイン $|W(j\omega)|$ は，

$$|W(j\omega)| = \frac{25}{\sqrt{(25-\omega^2)^2+25\omega^2}}$$

となる．遮断周波数 ω_b は，ゲインが 3 dB 低下した周波数，すなわちゲインが $1/\sqrt{2}$ 低下した周波数であり，帯域幅に等しい．

$$|W(j\omega)|_{\omega=0} = \frac{25}{\sqrt{(25-0^2)^2+25\times 0}} = 1$$

$$|W(j\omega)|_{\omega=\omega_b} = \frac{25}{\sqrt{(25-\omega_b^2)^2+25\omega_b^2}} = \frac{1}{\sqrt{2}}$$

$$\frac{25^2}{(25-\omega_b^2)^2+25\omega_b^2} = \frac{1}{2}$$

$$\omega_b^4 - 25\omega_b^2 - 25^2 = 0$$

ここで，$\omega_b^2 = x$ と置き，二次方程式の解の公式を用いる．

$x^2 - 25x - 25^2 = 0$

∴ $x = \dfrac{25 \pm \sqrt{25^2+4\times 25^2}}{2} = \dfrac{25 \pm 25\sqrt{5}}{2} = \dfrac{25(1+\sqrt{5})}{2} = 40.45$

(∵ $x > 0$)

∴ $\omega_b = \sqrt{x} = \sqrt{40.45} = 6.36$ 〔rad/s〕 (∵ $\omega_b > 0$)

と求まる．

なお，参考までにこの制御系のゲイン特性を描くと**図4**に示すようになる．

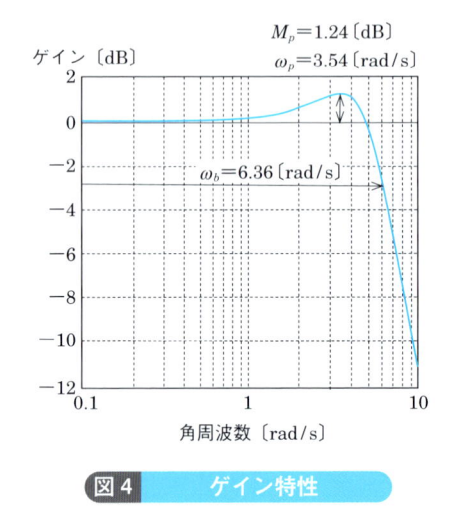

$M_p = 1.24$ 〔dB〕
$\omega_p = 3.54$ 〔rad/s〕
$\omega_b = 6.36$ 〔rad/s〕

図4 ゲイン特性

3 制御系の定常特性

1 制御系の形と定常特性

　制御系に対する目標値の変化指令または制御系に加わる外乱などによって，制御系の出力が変化する．この制御系の定常的な応答を**定常特性**という．定常特性を評価するためには，制御系の偏差，すなわち目標値と制御量との差を考慮する必要がある．

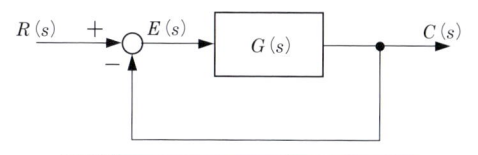

　具体的に，図 1 に示すユニティフィードバック系（直結フィードバック系）を例にとると，目標値 $R(s)$ と制御量 $C(s)$ との偏差 $E(s)$ は，

$$E(s) = \frac{R(s)}{1+G(s)} \tag{1}$$

となる．ここで，前向き経路の伝達関数（前向き伝達関数）$G(s)$ の一般形を次式のように表す．

$$G(s) = \frac{K(1+T_1 s)(1+T_2 s)\cdots(1+T_{m1}s+T_{m2}s^2)}{s^j(1+T_a s)(1+T_b s)\cdots(1+T_{n1}s+T_{n2}s^2)}\varepsilon^{-T_d s} \tag{2}$$

　ただし，K と $T_1 \sim T_{m2}$，$T_a \sim T_{n2}$ は実定数．

図 1　ユニティフィードバック系

　式 (2) において，$j = 0, 1, 2 \cdots\cdots$ であり，積分要素 $1/s$ の次数を表す．この次数 j を**制御系の形**と呼ぶ．

　例えば次式に示す伝達関数の形は，それぞれ 1 形と 3 形である．

$$j=1 : 1 形 \quad G(s) = \frac{K(1+3s)}{s(1+s)(1+2s)(1+5s+s^2)} \tag{3}$$

$$j = 3 : 3 \text{形} \qquad G(s) = \frac{K(1+0.5s)}{s^3} \qquad (4)$$

2 定常偏差

式（1）において偏差の定常値はラプラス変換の最終値定理から，

$$\lim_{s \to 0} s \cdot E(s) = \lim_{s \to 0} s \cdot \frac{1}{1+G(s)} \cdot R(s) \qquad (5)$$

として求められる．これを**定常偏差**（steady‐state error）という．定常偏差には，入力信号の種類によって，定常位置偏差，定常速度偏差および定常加速度偏差がある．

1 定常位置偏差

定常位置偏差（steady‐state positional error）は，入力として単位ステップ信号 $R(s)=1/s$ を与えたときの最終値として定義されている．すなわち式（5）から，定常位置偏差 e_p を求めると次のようになる．

$$\begin{aligned} e_p &= \lim_{s \to 0} s \frac{1}{1+G(s)} R(s) = \lim_{s \to 0} \frac{1}{1+G(s)} \\ &= \frac{1}{1+\lim_{s \to 0} G(s)} = \frac{1}{1+K_p} \end{aligned} \qquad (6)$$

この式（6）で $K_p = \lim_{s \to 0} G(s)$ と置いたものを，位置偏差定数という．

式（6）から，

$$0 \text{形の制御系} \qquad e_p = \frac{1}{1+K_p} \qquad (7)$$

$$1 \text{形以上の制御系} \qquad e_p = 0$$

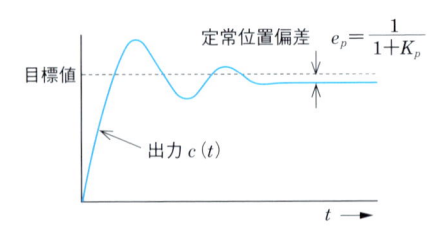

図2 0形の制御系の応答例（単位ステップ信号を入力）

が導かれる．

図 **2** は，0 形の制御系に対する単位ステップ入力の応答例を示す．また，式(7) の値は**オフセット**と呼ばれる．

2 定常速度偏差

定常速度偏差（steady-state velocity error）e_v は，入力として目標値が時間に比例して変化するランプ信号 $R(s) = 1/s^2$ を与えたときの，最終値として定義されている．定常速度偏差 e_v は，式 (5) から次式に示すようになる．

$$e_v = \lim_{s \to 0} s \frac{1}{1+G(s)} R(s) = \lim_{s \to 0} \frac{1}{s+sG(s)} = \frac{1}{\lim_{s \to 0} sG(s)} = \frac{1}{K_v} \qquad (8)$$

式 (8) で $K_v = \lim_{s \to 0} sG(s)$ と置いたものを**速度偏差定数**という．制御系の形の違いによる速度偏差定数を求めると次のようになる．

- 0 形の制御系　　　　$K_v = 0$, $e_v = \infty$
- 1 形の制御系　　　　$K_v = K_v$, $e_v = \dfrac{1}{K_v}$
- 2 形以上の制御系　　$K_v = \infty$, $e_v = 0$

図 **3** は，1 形制御系にランプ信号を入力したときの応答の一例を示したものである．

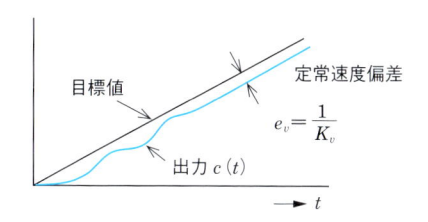

図3　1 形の制御系の応答例（ランプ信号を入力）

3 定常加速度偏差

定常加速度偏差（steady-state acceleration error）e_a は，制御系の入力として目標値が時間の 2 乗に比例して変化するパラボラ信号 $R(s) = 1/s^3$ を与えたとき，制御系の応答の最終値として定義されている．定常加速度偏差 e_a は，式 (5) から次式に示すようになる．

$$e_a = \frac{1}{\lim_{s \to 0} s^2 G(s)} = \frac{1}{K_a} \qquad (9)$$

この式で $K_a = \lim_{s \to 0} s^2 G(s)$ と置いたものを**加速度偏差定数**という．

　　0形の制御系　　　　　$K_a = 0$, $e_a = \infty$
　　1形の制御系　　　　　$K_a = 0$, $e_a = \infty$
　　2形の制御系　　　　　$K_a = K_a$, $e_a = \dfrac{1}{K_a}$
　　3形以上の制御系　　　$K_a = \infty$, $e_a = 0$

図4は，2形の制御系にパラボラ信号を入力したときの応答例を示す．

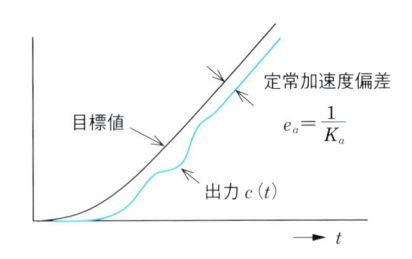

図4　2形の制御系の応答例（パラボラ信号を入力）

❸ 制御系の形と定常偏差の関係

前述したように，制御系の形によって偏差が異なる．これらの関係をまとめると表1に示すようになる．

表1　制御系の形と定常偏差

制御系の形	誤差定数			定常偏差		
j	K_p	K_v	K_a	ステップ入力	ランプ入力	パラボラ入力
0	K	0	0	$R/(1+K)$	∞	∞
1	∞	K	0	0	R/K	∞
2	∞	∞	K	0	0	R/K
3	∞	∞	∞	0	0	0

この表1に示されるように，制御系の j の次数を高くするほど定常誤差が少なくなる．しかしながら，j の次数が高くなるほど制御系の安定度が著しく悪化する．

一般のサーボ系では，高次入力に対する追従特性はさほど重要ではないため，

積分器を一つ挿入した 1 形が適用される．1 形の定常速度偏差は式 (8) に示すとおりであり，一巡伝達関数のゲイン K_v をいくら大きくしても，不安定にならないことがわかる．いい換えれば，1 形の制御系にあっては，K_v を大きくすることで定常速度偏差を小さくすることが可能である．

> **例題 4**　直結フィードバック系（ユニティフィードバック系）の伝達関数 $G(s)$ が，次式で示されている．この制御系に単位ステップ信号 $U(s)$ を与えたときの定常位置偏差 ε_p を求めよ．
> $$G(s) = \frac{1}{s(s^2+4s+5)}$$

解答　題意の制御系は，**図 5** に示すようになる．図において，目標値 $R(s)$ と制御量 $C(s)$ との偏差 $E(s)$ は，

$$E(s) = \frac{R(s)}{1+G(s)}$$

である．定常偏差を ε とすれば，ラプラス変換の最終値定理を用いて次式で示すように求めることができる．

$$\varepsilon = \lim_{s \to 0} sE(s) = \lim_{s \to 0} s \frac{1}{1+G(s)} R(s) \tag{10}$$

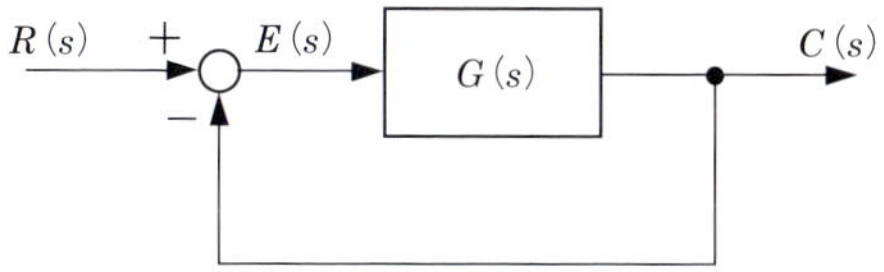

図 5　直結フィードバック系

したがって，入力信号 $R(s)$ として単位ステップ信号 $U(s) = 1/s$ を与えたときの定常偏差 ε は，式 (10) から次のように求まる．

$$\varepsilon = \lim_{s \to 0} s \frac{1}{1+\dfrac{1}{s(s^2+4s+5)}} \cdot \frac{1}{s} = \frac{1}{\infty} = 0 \quad \text{(答)}$$

別解　与えられた伝達関数の形は，1 形である．したがって単位ステップ信号を入力したときの定常偏差（定常位置偏差）は，表 1 に示されるように 0 となる．

4 特性補償法

1 特性補償と種類

　制御系の特性改善を目的として，適当な要素を制御系内に挿入することが行われる．これを**補償**という．

　補償には，図1に示すように制御対象の前段に補償要素を挿入する**直列補償法**と，図2に示すように制御対象にマイナーループを付加する**フィードバック補償法**とがある．

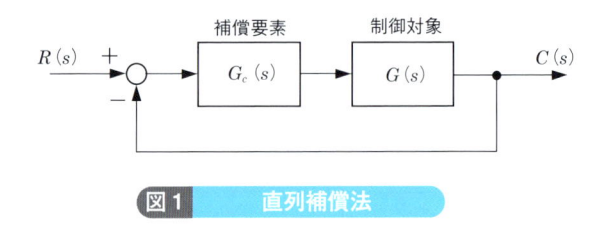

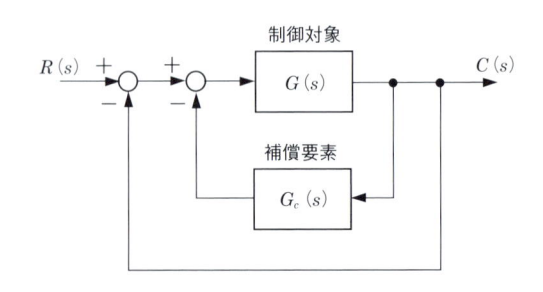

図1 直列補償法

図2 フィードバック補償法

　直列補償法には，単にゲインを調整する方法（**ゲイン調整**）のほか，位相進み補償，位相遅れ補償がある．

2 位相進み補償

位相進み補償は，制御系の過渡特性（速応性，安定性）を改善することを目的としている．この補償は，位相曲線の位相交点を比較的周波数の高い領域に移動させることによって，制御系の応答を速めるものである．

位相進み補償は，図3に示すような位相進み回路から構成される．この要素は，低周波領域のゲインを犠牲にして，位相進みが最大となる周波数近傍の位相を進めることによって，制御系の速応性（動特性）を改善する役割を担っている．

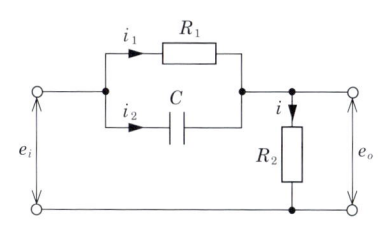

図3　位相進み補償

この回路において，次式が成立する．

$$e_i = R_1 i_1 + e_o \tag{1}$$

$$e_i = \frac{1}{C}\int i_2 \, dt + e_o \tag{2}$$

$$e_o = R_2 i = R_2 (i_1 + i_2) \tag{3}$$

式(1)〜(3)をラプラス変換すれば，次式を得る．

$$E_i(s) = R_1 I_1(s) + E_o(s) \tag{4}$$

$$E_i(s) = \frac{1}{sC} I_2(s) + E_o(s) \tag{5}$$

$$E_o(s) = R_2 \{I_1(s) + I_2(s)\} \tag{6}$$

式(4)，(5)を変形して式(6)に代入する．

$$E_o(s) = R_2 \left[\frac{E_i(s) - E_o(s)}{R_1} + sC\{E_i(s) - E_o(s)\} \right] \tag{7}$$

したがって図3に示す位相進み回路の伝達関数 $G_c(s)$ は，式(7)を変形して，次式のようになる．

$$G_c(s) = \frac{E_o(s)}{E_i(s)} = \frac{R_2 + sCR_1R_2}{R_1 + R_2 + sCR_1R_2}$$

$$= \frac{\frac{R_2}{R_1+R_2}(1+sCR_1)}{1+sC\frac{R_1R_2}{R_1+R_2}} = \frac{\alpha(1+T_1 s)}{1+T_2 s} \tag{8}$$

ただし，$\alpha = R_2/(R_1+R_2) < 1$，$T_1 = CR_1$，$T_2 = \alpha T_1$，$T_1 > T_2$

ここで位相進み補償回路において，位相が最も進む最大位相進み角 φ_m を与える角周波数 ω_m は，

$$\omega_m = \frac{1}{\sqrt{\alpha}\, T_1} \quad [\text{rad/s}] \tag{9}$$

で求めることができる．また，このときのゲイン $|G(j\omega_m)|$ は，

$$|G(j\omega_m)| = \frac{1}{\sqrt{\alpha}}$$

となる．これを〔dB〕単位で表すと，

$$20\log_{10}|G(j\omega_m)| = 20\log_{10}\frac{1}{\sqrt{\alpha}} = -10\log_{10}\alpha \quad [\text{dB}] \tag{10}$$

で得ることができる．また，最大位相進み角 φ_m は，

$$\varphi_m = \sin^{-1}\frac{1-\alpha}{1+\alpha} \tag{11}$$

となる．

　α を変えたときのボード線図を描くと，**図4**が得られる．α が小さくなるにつれて，位相特性が周波数の高い領域に移行していることがわかる．

　なお，位相進み回路の α は，通常 0.05〜0.25 程度の範囲になるよう調整する．

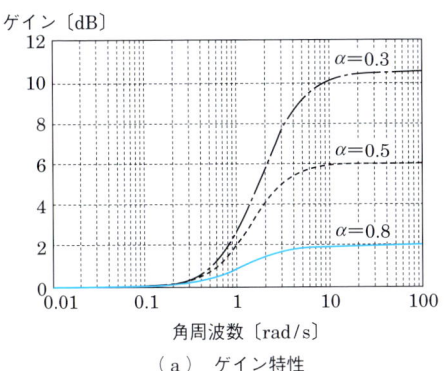

図4 位相進み回路のボード線図

(a) ゲイン特性

(b) 位相特性

> **例題5** ある制御系の一巡伝達関数 $G(s)$ が次式で与えられている.
> $$G(s) = \frac{K}{s(1+s)}$$
> この制御系に位相進み回路を挿入して単位ランプ信号を入力したときの定常速度偏差を 0.25 以下とし,かつ位相余裕を 45° 以上にするものとする.この条件を満たす位相進み回路 $G_c(s)$ を求めよ.

解答 まず定常速度偏差 ε_v を 0.25 以下にするゲイン K の値を求めるため,ラプラス変換の最終値定理を適用して次式を解く.

$$\varepsilon_v = \lim_{s \to 0} sE(s) = \lim_{s \to 0} s \frac{1}{1+G(s)} R(s) = \lim_{s \to 0} s \frac{1}{1+\dfrac{K}{s(1+s)}} \cdot \frac{1}{s^2} = \frac{1}{K} \leqq 0.25$$

∴ $K \geqq 4$

$G(s)$ に $K=4$ を代入すると,一巡周波数伝達関数 $G(j\omega)$ は次式となる.

$$G(j\omega) = \frac{K}{j\omega(1+j\omega)} = \frac{K}{-\omega^2 + j\omega} = \frac{K}{\omega} \cdot \frac{1}{\sqrt{1+\omega^2}} \angle \left(\pi - \tan^{-1}\frac{1}{\omega}\right)$$

この式から**図5**に示すボード線図が得られる．この図から，ゲインが 3 dB 低下する点のゲイン交点周波数は，$\omega_m \fallingdotseq 2.1\,[\mathrm{rad/s}]$ であり，位相余裕 ϕ_m は，

$$\phi_m = 180° - 155° = 25°$$

となる．題意から位相余裕を 45°以上にするには，位相を $45° - 25° = 20°$ 以上進めればよいが，余裕を見込んで最大位相進み角 $\varphi_m = 25°$ とする．一方，式 (11) を変形すると次式を得る．

$$\sin\varphi_m = \frac{1-\alpha}{1+\alpha}$$

この式を変形して α を求めると，

$$\alpha = \frac{1-\sin\varphi_m}{1+\sin\varphi_m} = \frac{1-\sin25°}{1+\sin25°} = 0.4058$$

となる．また，T_1 は式 (9) から

$$T_1 = \frac{1}{\sqrt{\alpha}\,\omega_m} = \frac{1}{\sqrt{0.4058}\times 2.1} = 0.7475$$

と求まる．したがって，T_2 は，

$$T_2 = \alpha T_1 = 0.4058 \times 0.7475 = 0.3033$$

となる．よって，位相進み補償要素の伝達関数 $G_c(s)$ は，

$$G_c(s) = \frac{\alpha(1+T_1 s)}{1+T_2 s} = \frac{0.4058\times(1+0.7475s)}{1+0.3033s}$$

と求まる．

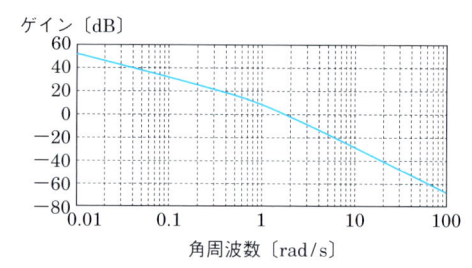

（a）ゲイン特性

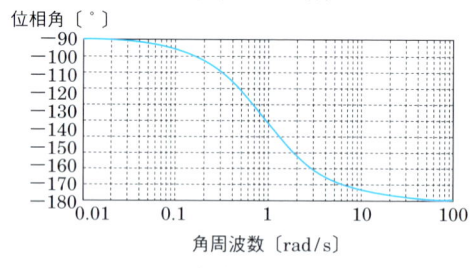

（b）位相特性

図5 補償前のボード線図

図6に,位相進み回路を付加して補償したボード線図を示す.この図に示されるように,ゲイン交点周波数($\omega_m=1.2$〔rad/s〕)における位相余裕 $\phi_m=180-115 \fallingdotseq 65°$ となり,題意の条件を満たすように特性改善されていることが理解できる.

(a) ゲイン特性

(b) 位相特性

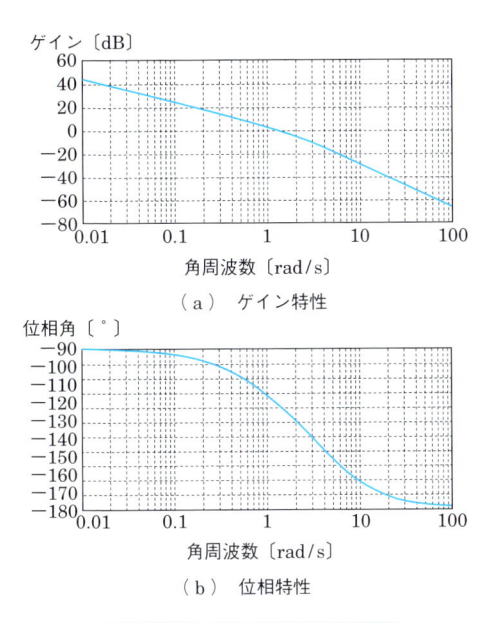

図6　補償後のボード線図

3 位相遅れ補償

位相遅れ補償は,例えば図7に示す回路を制御系の前向き経路に挿入して,特性を改善するものである.この要素(位相遅れ回路)は,低周波領域のゲインを保ちつつ,高周波領域におけるゲインを低下させる働きがある.その結果,制御系の安定性や速応性に影響を与えることなく制御系の定常偏差を改善することができる.

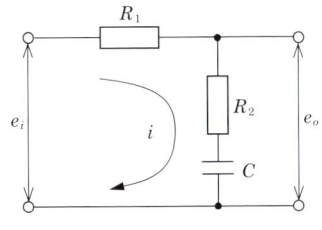

図7　位相遅れ補償

さて，図 7 に示す回路において次式が成立する．
$$e_i = R_1 i + e_o \tag{12}$$
$$e_o = R_2 i + \frac{1}{C}\int i dt \tag{13}$$

これらの式（12），（13）をラプラス変換すると次式を得る．
$$E_i(s) = R_1 I(s) + E_o(s) \tag{14}$$
$$E_o(s) = R_2 I(s) + \frac{1}{sC} I(s) \tag{15}$$

次いで式（14）から $I(s)$ を求め，式（15）に代入して整理する．すると，位相遅れ回路の伝達関数 $G_c(s)$ は，次式のようになる．

$$E_o(s)\left(1 + \frac{R_2}{R_1} + \frac{1}{sCR_1}\right) = E_i(s)\left(\frac{R_2}{R_1} + \frac{1}{sCR_1}\right)$$

$$\therefore \quad G_c(s) = \frac{E_o(s)}{E_i(s)} = \frac{R_2 + \dfrac{1}{sC}}{R_1 + R_2 + \dfrac{1}{sC}} = \frac{\dfrac{R_2}{R_1+R_2} + \dfrac{1}{s(R_1+R_2)C}}{1 + \dfrac{1}{s(R_1+R_2)C}}$$

$$= \frac{1 + T_2 s}{1 + T_2 s/\alpha} = \frac{1 + T_2 s}{1 + T_1 s} \tag{16}$$

ただし，$\alpha = R_2/(R_1+R_2) < 1$，$T_2 = CR_2$，$T_1 = T_2/\alpha$，$T_1 > T_2$

α を変えたときのボード線図を描くと，図 8 が得られる．この図から位相遅れ回路は，低周波領域のゲインがさほど低下しないものの，高周波領域におけるゲインが低下することがわかる．

図8 位相遅れ回路のボード線図

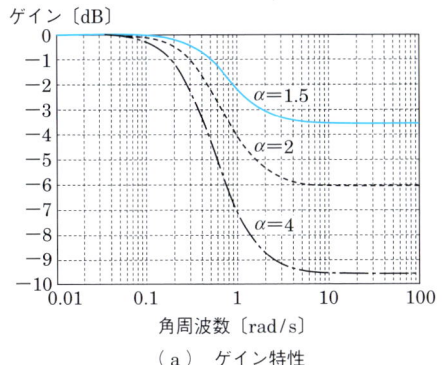

(a) ゲイン特性

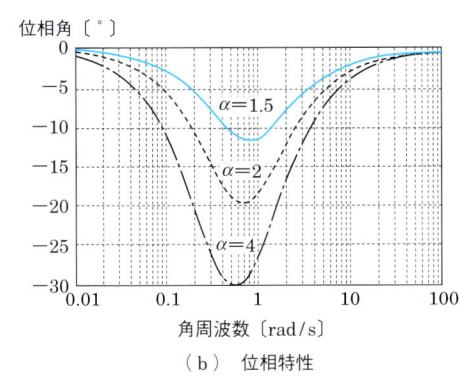

(b) 位相特性

例題6 ある制御系の一巡周波数伝達関数 $G(j\omega)$ が次式で与えられている．

$$G(j\omega) = \frac{K}{j\omega(1+j\omega)(2+j\omega)}$$

この制御系に位相遅れ回路を挿入して，単位ランプ信号を入力したときの定常速度偏差を 0.2 以下とし，かつ位相余裕を 30°以上にするものとする．
この条件を満たす位相遅れ回路 $G_c(s)$ を求めよ．

解答 まず，与えられた一巡周波数伝達関数 $G(j\omega)$ から一巡伝達関数 $G(s)$ を求める．

$$G(s) = \frac{K}{s(s+1)(s+2)}$$

単位ランプ信号を入力したときの定常速度偏差 e_v は，ラプラスの最終値の定理から，次式のように求まる．

$$e_v = \lim_{s \to 0} sE(s) = \lim_{s \to 0} s \frac{1}{1+G(s)} R(s) = \lim_{s \to 0} s \frac{1}{1+\dfrac{K}{s(s+1)(s+2)}} \cdot \frac{1}{s^2}$$

$$= \lim_{s \to 0} \frac{1}{s + \dfrac{K}{(s+1)(s+2)}} = \frac{2}{K}$$

したがって，定常速度偏差を 0.2 以下とするゲイン定数 K は，

$$0.2 \geqq 2/K$$
$$\therefore \quad K \geqq 10$$

と求まる．ゲイン定数 $K=10$ のときの一巡周波数伝達関数 $G(j\omega)$ のボード線図は，**図9**に示すようになる．この図からゲイン交点における位相角が $-195°$ であり，不安定であることがわかる．位相余裕を 30° にするには，ゲイン交点周波数を 0.8〔rad/s〕に移動させる必要がある．ここでは，余裕を見てゲイン交点周波数 $\omega_m = 0.6$〔rad/s〕とする．ボード線図から，このときのゲイン $|G(j\omega)|$ が約 17 dB と読みとれる．したがって α は，

$$20 \log_{10} \alpha = -17 \text{〔dB〕}$$
$$\therefore \quad \alpha = 10^{-17/20} = 0.1412$$

となる．式(16)の T_2 は，T_1 に比べて折点周波数が高い（$T_1 > T_2$ ゆえ $1/T_2 > 1/T_1$）．この T_2 は，位相遅れがゲイン交点周波数 ω_m における位相に影響を与えないよう

（a） ゲイン特性

（b） 位相特性

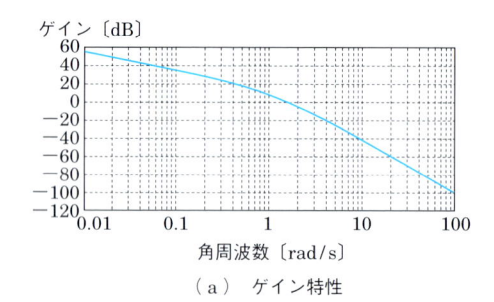

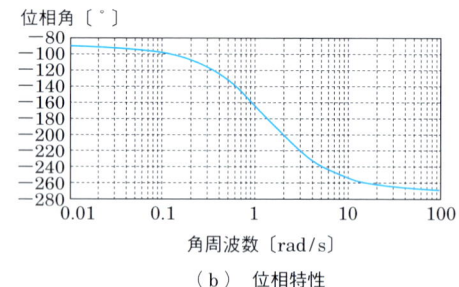

図9　補償前のボード線図

特性補償法 4

に 15s とする.すると T_1 は,
$$T_1 = T_2/\alpha = 15/0.1412 = 106.2 ≒ 106 \text{ [s]}$$
と求まる.したがって,位相遅れ補償要素の伝達関数 $G_c(s)$ は,
$$G_c(s) = \frac{1+T_2s}{1+T_1s} = \frac{1+15s}{1+106s}$$
となる.

よって,位相遅れ要素を付加した一巡伝達関数 $W(s)$ は,次式となる.
$$W(s) = G_c(s)G(s) = \frac{1+15s}{1+106s} \cdot \frac{10}{s(s+1)(s+2)}$$
$$= \frac{150s+10}{106s^4+319s^3+215s^2+2s}$$

補償後のボード線図は,**図10**に示すようなる.この図に示されるように,ゲイン交点周波数（$\omega_m = 0.6$ [rad/s]）における位相余裕 $\phi_m = 180 - 143 ≒ 40°$ となり,題意の条件を満たすように特性改善されていることが理解できる.

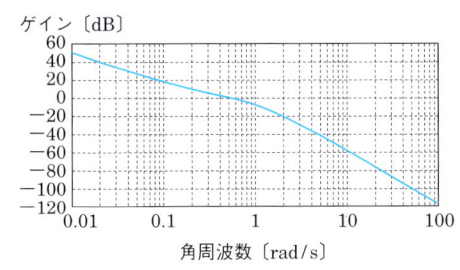

（a） ゲイン特性

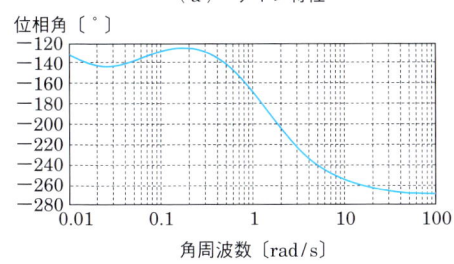

（b） 位相特性

図10 補償後のボード線図

5章のまとめ

1 時間領域における評価

制御系を時間領域で評価する方法としてステップ応答がある．一次遅れ制御系の場合，一定値に収束するが，二次遅れ制御系の場合，減衰係数ζの値によって過制動，臨界制動および不足制動の三つの応答を示す．

2 周波数領域における評価

周波数領域における評価は，制御系に正弦波交流を与え，その角周波数を変化させたときの制御系における出力信号の変化に着目したものである．制御系は，バンド幅が広いほど応答が速い．

二次遅れ制御系の場合，減衰係数ζが$1/\sqrt{2}=0.707$以下になると共振値を持つようになる．共振値はサーボ系では1.2〜1.4くらいにとり，プロセス系では1.5〜2.5くらいにとるのが好ましい．

3 制御系の定常特性

定常特性は，制御系に対する目標値の変化指令または制御系に加わる外乱などによって，制御系の出力が変化する定常的な応答である．定常特性は制御系の形によって異なる．定常特性を捉える尺度としての定常偏差には，定常位置偏差，定常速度偏差および定常加速度偏差がある．

4 特性補償法

制御系の特性改善を目的として，適当な要素を制御系内に挿入する補償が行われる．特性補償には，直列補償法とフィードバック補償法とがある．

直列補償法には，ゲイン調整，位相進み補償および位相遅れ補償がある．

6章 自動制御が適用される装置

これまで学習してきた自動制御系の応用例として，電気こたつのオン・オフ制御，工業用機器の制御に適用されるサーボ機構をとり上げて解説する．

1 電気こたつのオン・オフ制御

　図1に示すように,熱膨張率(線膨張率)の異なる2種類の金属板を,接着や溶接などで貼り合わせたものを**バイメタル**という.このバイメタルは,温度が上昇すると熱膨張率の低い金属側に湾曲する.バイメタルを構成する金属材料としては,鉄-ニッケル系合金,これにマンガン,クロムなどを加えたもののほか,銅-スズ合金などが代表的である.

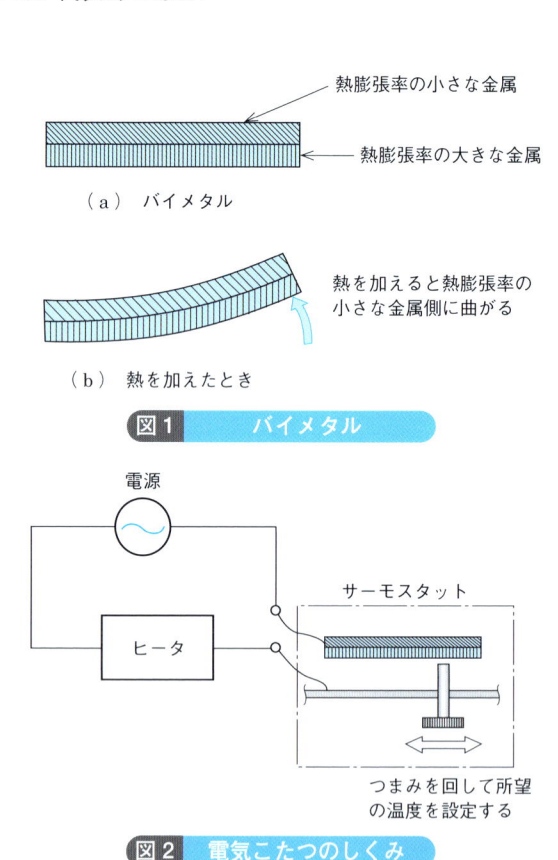

　　　　　　　　　　熱膨張率の小さな金属
　　　　　　　　　　熱膨張率の大きな金属

（a）　バイメタル

熱を加えると熱膨張率の小さな金属側に曲がる

（b）　熱を加えたとき

図1　バイメタル

電源
ヒータ
サーモスタット
つまみを回して所望の温度を設定する

図2　電気こたつのしくみ

電気こたつのオン・オフ制御 1

このバイメタルに接点を設け，設定した温度に達すると回路を断つ機械的スイッチに，図2に示すサーモスタットがある．

サーモスタットを用いた電気加熱器として，電気こたつがよく知られている．現在ではマイコンを用いた電気こたつも登場しているが，ここでは，従来主流であったバイメタル式サーモスタットを備えた電気こたつを，自動制御の概念で検討してみることにする．

電気こたつには，制御対象の「こたつ」に対して希望温度を設定する設定部としての「温度設定用つまみ」がある．そして制御対象のこたつからは，こたつ内温度が制御量として出力される．こたつ内温度は，サーモスタットのバイメタルによって検出され，可動接点の位置として希望温度設定用つまみの位置，すなわち固定接点と比較される（比較部）．［希望温度］＞［こたつ内温度］の場合，可動接点は固定接点と接してスイッチ（調節部）がオンになり，電熱器（操作部）を加熱して，その操作量として熱がこたつ内に与えられる．

一方，［希望温度］≦［こたつ内の温度］の場合，可動接点は固定接点と離れた状態，すなわちスイッチがオフとなり，電熱器に対する電流供給が絶たれる．電気こたつはこのようなフィードバック制御が行われて，こたつ内の温度が一定に保たれる．

なお，こたつ内に入る人数が増減したり，室温が変動したりするような制御対象に与えられる変動要因を，**外乱**（disturbance）という．電気こたつはこの種の外乱に対しても，設定した温度になるように維持する加熱装置である．

このようなことを考慮して電気こたつのブロック線図を描くと，図3が得られる．

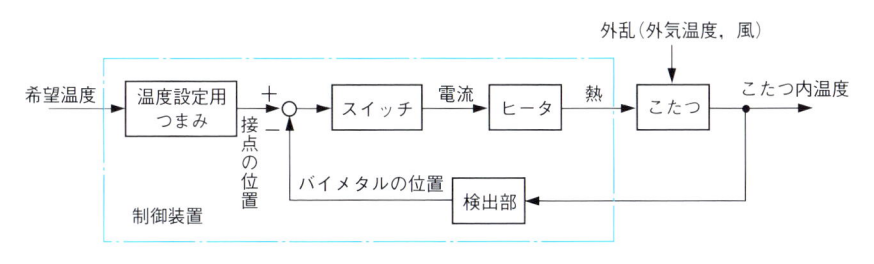

図3　電気こたつのブロック線図

電気こたつは，希望温度（設定値）とこたつ内温度（制御量）との差である温度差（偏差）によって，制御対象に与える熱（操作量）を調節する制御方式である．これを**オン・オフ制御**（bang-bang control, on-off system）という．電気アイロンもオン・オフ制御の一種である．

> **スイッチング制御**
>
> 　オンオフ制御を電源制御に利用した電力変換装置として直流チョッパがある．直流チョッパは，一定電圧の直流電圧を半導体のスイッチング素子でオン・オフを繰り返すことで直流電圧を変化させる装置であり，DC-DC コンバータとも呼ばれている．直流チョッパは，直流電圧を変化させるにあたって変圧器を用いることなしに直接出力電圧を可変制御することができる．
>
> 　出力の直流電圧が入力の直流電圧より低くなるものを降圧チョッパ，出力の直流電圧が入力の直流電圧より高くなるものを昇圧チョッパという．
>
> 　とくに定電圧の直流を出力する直流チョッパをスイッチングレギュレータと呼ぶ．
>
> 　直流チョッパは，少ない制御損失で直流電動機の速度制御を行うことができるので，例えば電車の速度制御に適用されている．

2 サーボ機構

　サーボ機構（servomechanism）は，位置，角度，方位，姿勢などを自動的に制御する装置または装置の組合せをいう．このサーボ機構は，制御量と目標値の差を求め，この差が0になるように自動的に制御するフィードバックプロセスを構成することを特徴としている．ちなみに制御量と目標値との差は，誤差信号と呼ばれる．

　サーボ機構には，発電機の電圧制御，電動機の速度制御，水槽の水位制御や**NC**（numerical control）工作機械，船や飛行機の自動操縦装置などがある．

　ここでは，サーボ機構として直流電動機の速度制御，水槽の水位制御を見てみることにしよう．

1 直流発電機の電圧制御
1 直流発電機の原理

　直流発電機は，**図1**の直流発電機の原理図に示されるように，磁界の中に置いた電機子巻線（コイル）を回転させて起電力を得るものである．この発電機の電機子巻線（コイル）に発生する誘導起電力 e は，次式で示される．

$$e = Blv \ \text{〔V〕} \tag{1}$$

　　　ただし，B：磁束密度〔T〕，l：電機子巻線の長さ〔m〕，v：電機子巻線の移動速度〔m/s〕

　磁極間の磁束密度 B〔T〕は，磁極の磁束を $\varPhi$〔Wb〕とすれば，次式に示すようになる．

$$B = \frac{2p\varPhi}{\pi Dl} \ \text{〔T〕} \tag{2}$$

　　　ただし，$2p$：極数，D：電機子の直径〔m〕

　電機子導体の回転速度を N〔$\min^{-1}$〕とすると，この磁界中で電機子巻線が磁束を切る速度 v は，次式となる．

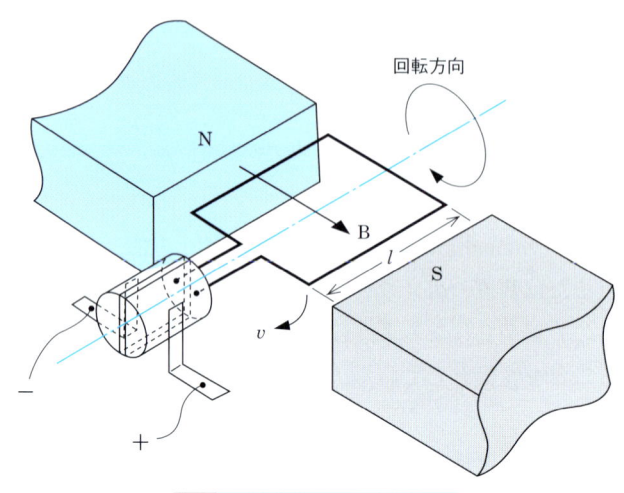

図1 直流発電機の原理図

$$v = \frac{\pi DN}{60} \quad [\text{m/s}] \tag{3}$$

このとき電機子巻線の導体総数を Z, 並列回路数を $2a$ とすると, 発電機の誘導起電力 E は式 (1) 〜 (3) から, 次式に示すようになる.

$$E = \frac{eZ}{2a} = \frac{BlvZ}{2a} = \frac{2pZ}{60 \times 2a}\Phi N = \frac{pZ}{60a}\Phi N = K\Phi N \quad [\text{V}] \tag{4}$$

ただし, $K = pZ/60a$: 電圧定数

2 直流発電機の種類

(a) 他励発電機 他励発電機は, 図2 に示すように界磁巻線と電機子巻線が別回路になっている. この発電機は, 界磁電流を変化させることで直流出力電圧を広範囲に変化させることができる.

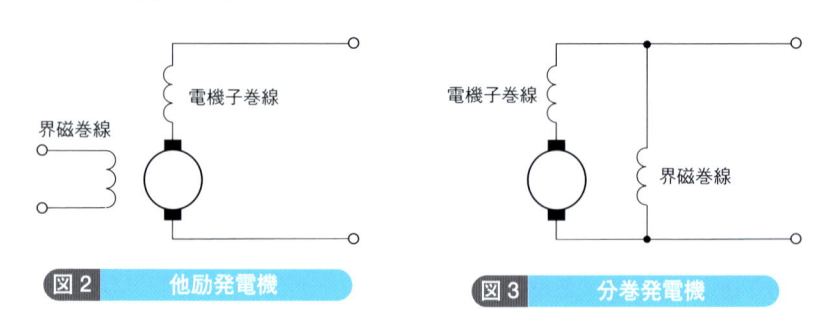

図2 他励発電機

図3 分巻発電機

(b) 分巻発電機　分巻発電機は，図3に示すように界磁巻線と電機子巻線とを並列に接続した巻線方式をとっている．

この発電機は，残留磁束が電機子に作用し，発生した電圧によって界磁巻線に電流が流れて界磁電流となり，電機子の電圧が上昇する．するとさらに界磁電流が増加して，起電力が上昇する．以降，この現象を繰り返して端子電圧が確立する．

このため分巻発電機は，残留磁束が存在し，かつ，この残留磁束によって発生する起電力が電機子の電圧を上昇させる方向と一致することが必要である．

(c) 直巻発電機　直巻発電機は，図4に示すように，界磁巻線と電機子巻線とを直列に接続した巻線方式をとっている．この発電機も分巻発電機と同様に，残留磁束によって生じた電圧で電機子に起電力が発生する．そして，負荷電流が流れることによって界磁巻線に電流が流れて，発電機の出力電圧が上昇する．この特性を上昇特性という．直巻発電機は，上昇特性があるため並行運転することができない．

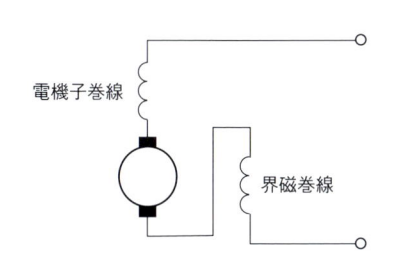

図4　直巻発電機

(d) 複巻発電機　複巻発電機は，図5に示すように分巻界磁巻線と直巻界磁巻線の両方を備えている．分巻界磁巻線が直巻界磁巻線と電機子巻線の内側にあるものを内分巻といい，直巻界磁巻線の外側にあるものを外分巻という．

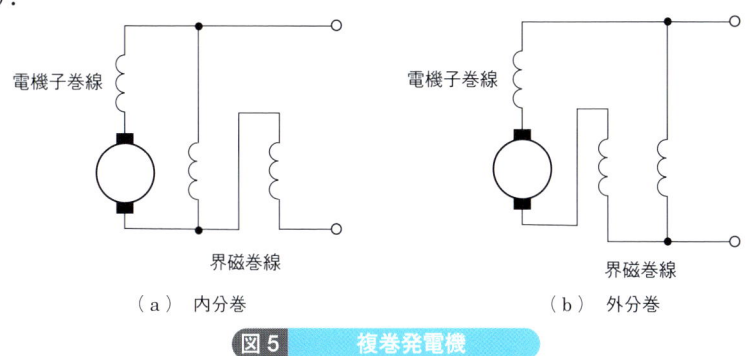

（a）内分巻　　　　（b）外分巻

図5　複巻発電機

3 直流他励発電機の伝達関数

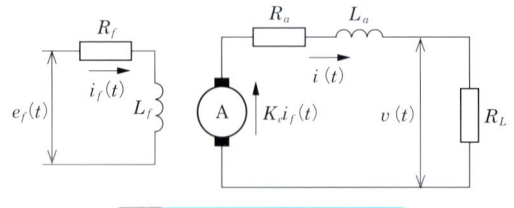

図6 直流他励発電機

図6に示す直流他励発電機において，界磁印加電圧，界磁電流，界磁回路の抵抗および界磁回路のインダクタンスを，それぞれ $e_f(t)$，$i_f(t)$，R_f および L_f とする．

界磁回路に成立する微分方程式は，次式となる．

$$e_f(t) = L_f \frac{di_f(t)}{dt} + R_f i_f(t) \tag{5}$$

式（5）を初期値＝0としてラプラス変換すると，次式が得られる．

$$\mathscr{L}[e_f(t)] = L_f \{sI_f(s) - i_f(0)\} + R_f I_f(s)$$
$$E_f(s) = (L_f s + R_f) I_f(s) \tag{6}$$

直流発電機の界磁電流 $i_f(t)$ に対する電機子の誘導起電力の係数を K_e，電機子電流を $i(t)$，電機子回路の抵抗を R_a，電機子回路のリアクタンスを L_a，負荷抵抗を R_L とすると，電機子回路に成立する微分方程式は，

$$K_e i_f(t) = L_a \frac{di(t)}{dt} + (R_a + R_L) i(t) \tag{7}$$

となる．式（7）をラプラス変換すると次式を得る．

$$K_e I_f(s) = L_a s I(s) + (R_a + R_L) I(s) \tag{8}$$

また，負荷抵抗の端子電圧 $v(t)$ は，

$$v(t) = R_L i(t) \tag{9}$$

であるから，式（9）をラプラス変換すると次式となる．

$$V(s) = R_L I(s) \tag{10}$$

式（6），（8），（10）から，$I(s)$，$I_f(s)$ を消去して整理する．

サーボ機構 2

$$K_e \frac{E_f(s)}{L_f s + R_f} = (L_a s + R_a + R_L) \frac{V(s)}{R_L} \tag{11}$$

$$E_f(s) = \frac{(L_a s + R_a + R_L)(L_f s + R_f) V(s)}{K_e R_L}$$

式 (11) から伝達関数が求まる．

$$\begin{aligned}
G(s) &= \frac{V(s)}{E_f(s)} = \frac{K_e R_L}{(L_a s + R_a + R_L)(L_f s + R_f)} \\
&= \frac{1}{L_f s + R_f} \cdot \frac{K_e R_L}{L_a s + R_a + R_L} \\
&= \frac{1}{1 + T_f s} \cdot K_g \cdot \frac{1}{1 + K_R + T_a s}
\end{aligned} \tag{12}$$

ただし，$T_f = L_f / R_f$，$K_e = K_g / R_f$，$K_R = R_a / R_L$，$T_a = L_a / R_L$．

式 (12) から直流他励発電機のブロック線図を描くと，**図7** が得られる．

$E_f(s)$ → [$\frac{1}{1+T_f s}$] → [K_g] → [$\frac{1}{1+K_R+T_a s}$] → $V(s)$

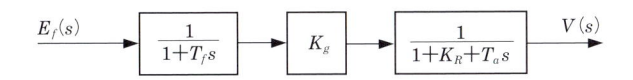

図7 直流他励発電機のブロック線図

問題 1 次の記述中の空白箇所①，②および③に当てはまる正しい字句を記入せよ．

サーボ機構とは，制御量が機械的 ① ，回転角などの機械的な変量の ② 制御をいうが，制御量が電圧，電流のような電気量である場合，あるいは速度，回転速度の ③ 制御を行う自動調整を含めてサーボ系と呼ぶことがある．

追従制御

追従制御（tracking control）は，目標値がほかの物理量の変化に応じて，ある一定の関係を保ちつつ変化する制御をいう．例えばレーダアンテナによる物体の自動追尾装置がある．

6章のまとめ

1 電気こたつのオン・オフ制御

オン・オフ制御は，設定値と制御量の差である偏差によって制御対象に操作量を与える制御方式である．

2 サーボ機構

サーボ機構（servomechanism）は，位置，角度，方位，姿勢などを自動的に制御する装置または装置の組合せのことである．サーボ機構は，制御量と目標値との差を求め，この差が0になるように自動的に比較して制御するフィードバックプロセスを構成することを特徴とする．

7章 プロセス制御

　プロセス制御は，鉄鋼，石油，化学などのプロセス産業におけるプロセス（主に生産設備）の制御を主体としている．今日のプロセス制御システムには，環境基準を満たし，安全性を追求し，さらに経済性を追求しつつプラントを私たちの思い通りに動作させて，皆が快適に利用できる良い製品を生産し，かつ自分たちが最大の利益をあげることができるような技術が要求される．

　したがって，この要求を満たすため，プロセス制御においては各種測定装置や調節計，コンピュータなどを駆使し，工業プロセスの運転状態を継続的に管理・監視し，最適な運転状態を保つよう最適操作が行われる．この章では，プロセス制御の概念，調節計の制御動作などを中心に解説する．

1 プロセス制御の概念

1 プロセス制御とは

プロセス制御とは，温度，湿度，圧力，濃度，pH，流量，液位などの工業プロセスの状態量を制御量とするもので，プロセスに加わる「外乱」の抑制を主目的とする制御をいう．

プロセス制御系は，図1に示すようにフィードバック制御系で構成される．

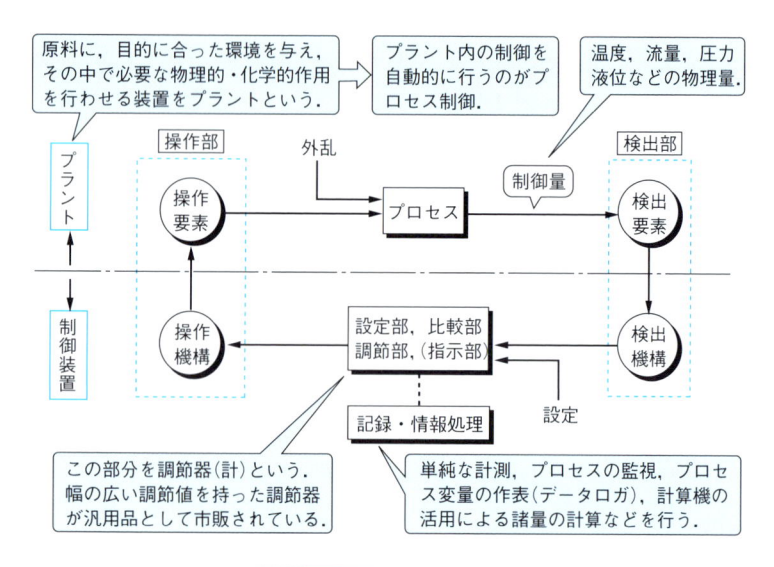

図1 プロセス制御系の構成

2 プロセス制御系の特徴

① 制御の対象が製造工業全般にわたっており，制御系の構成も無限の変化がある．
② 定値制御の場合が多く，ときには比率制御やプログラム制御が用いられるが，近年においては，マイコンの普及からプログラム制御が多く採用される

③ サーボ機構と比較すると，その応答性ははるかに低い場合が多い．

3 プロセス制御系の例

図2は，1章の2節でとり上げたボイラの温度を一定に保つ制御を例にとり，炉内温度の制御系をもう少し詳しく示したものである．

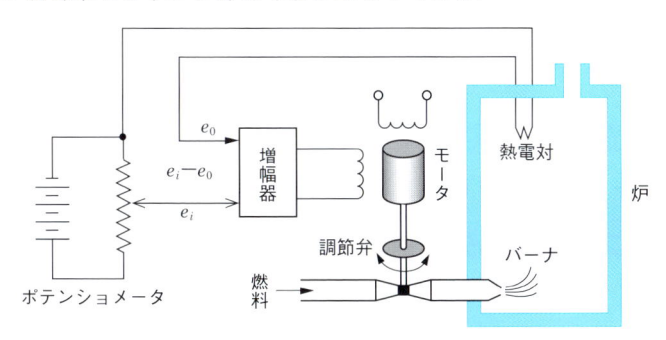

図2 プロセス制御系の例（温度調節）

図2の制御系は，燃料の供給量を調節して，炉内温度を希望の温度に保とうとするもので，その動作原理は次のとおりとなる．

ポテンショメータにより，まず希望する温度を電圧 e_i として設定し，炉内温度は熱電対により熱起電力 e_0 として測定される．そしてその熱起電力 e_0 は入力側にフィードバックされ，e_i とともに増幅器に加えられ，e_i と e_0 の差が増幅される．

いま，炉内の温度が希望温度と比較して低い場合を考えると，e_0 は e_i より小さくなり，電動機は調節弁を開けて燃料の供給量を増加させる方向に回転し，その結果炉内温度は上昇する．逆に炉内温度が希望温度より高くなった場合，e_0 は e_i より大きくなり，モータは調節弁を閉じる方向に回転し，その結果炉内温度は低下しはじめ，炉内温度が希望する温度に一致したところでこの制御系は平衡を保つこととなる．

図3は，この温度調節のプロセス制御系のフィードバック図を示したものである．

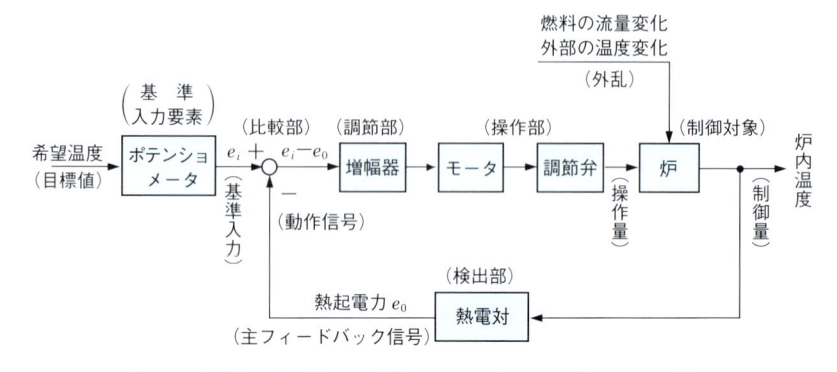

図3 図2の制御系フィードバック図（温度調節プロセス）

❹ プロセス制御系の外乱対策（フィードフォワード制御の概要）

図4にフィードフォワード制御の構成を示す．

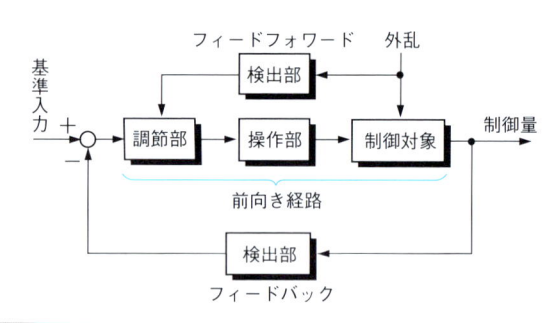

図4 フィードフォワード制御を加えたフィードバック制御

　制御の目的は，1章で述べた事項をまとめると，目標値の変化（変更）への対応と外乱への対応に大別することができよう．ここで，図2，図3に示した温度調節のプロセス制御系を考えてみると，外乱の大きさによってその対応に大きく時間（プロセスにおけるむだ時間）がかかることがわかる．

　つまり外乱への対応については，フィードバック制御には限界があるということである．外乱に対する応答が遅くなれば，プロセス制御で製造（生産）される製品に不良品の発生が出るばかりか，エネルギー損失も大きくなるということがいえる．

そこで，この外乱に対する応答をとにかく早くする（外乱の影響をすばやく処理する）ように考えられたものが，「**フィードフォワード制御**」である．この制御法は，外乱が制御量の変化として検出されるのが遅い場合，訂正動作の遅れを防ぎ，制御効果を良好に保つため，図4に示すように外乱を検知するとすぐさま先回りして，それを打ち消すようにする制御方法である．

図3の例で考えると，外部の温度変化などによる外乱が発生した場合，それが"温度の乱れ"などの影響として表れる．したがって，前もってその影響を極力なくすように直接検知した温度を調節部に信号として送り込み，必要な訂正動作を行う制御方式である．

また図4からわかるように，「フィードフォワード制御」は「フィードバック制御」とは異なり，信号の流れが閉ループになっていない，「外乱の検知」→「操作量の決定」という一方向の制御方式である．

このため，フィードフォワード制御だけでは設定温度に収束させることができないので，通常は図4に示すように「フィードバック制御と併用」することとなる．

5 フィードフォワード制御のポイント

フィードフォワード制御は，外乱などによる影響が現れる前に，事前にその影響を極力抑えるように訂正動作を行う制御方式であるため，次のことが必要となる．

① 外乱を事前に検知する有効な手段
② 外乱検知時における適正な制御量の決定

①については，シーケンス的な処理により生じる外乱であれば，検知することが可能である．②については，検知された外乱の種類や大きさにより，その結果「どのような影響」が表れるかを把握し，この影響を抑えるために有効な制御量が適正であるかを検討して決定する．

7章 プロセス制御

例題1 次の記述中の空白箇所①，②，③，④および⑤に当てはまる字句の組合せとして正しいものは解答群のうちどれか．

　　① 制御とは，② が温度，③ ，圧力のような工業プロセスの状態である制御をいい，一般に目標値が一定の ④ 制御であるが，比率制御，⑤ 制御などもときには用いられる．

解答群

	①	②	③	④	⑤
(1)	フィードバック	操作量	流　量	追　値	シーケンス
(2)	シーケンス	設定値	気　圧	オンオフ	プロセス
(3)	シーケンス	制御量	濃　度	プログラム	追　従
(4)	プロセス	目標値	濃　度	追　従	オンオフ
(5)	プロセス	制御量	流　量	定　値	プログラム

解答　(5)

問題1 自動制御に関する記述として，誤っているものは次のうちどれか．
(1) フィードバック制御系は，目標値に制御量を追従させることができ，制御対象に外乱が加わったとしても，その影響を小さくできる．
(2) シーケンス制御は，あらかじめ定められた順序に従って制御の各段階を遂次進めていく制御である．
(3) サンプル値制御は，フィードバック制御系のループ中にサンプル信号を用いるものである．
(4) プロセス制御は，人間の脳の制御などに利用するための先端制御である．
(5) フィードフォワード制御は，外乱による制御遅れを改善するために用いられる制御で，開ループを形成する．

2 プロセス制御用機器

1 プロセス制御の検出部に用いられる機器

　プロセス制御に用いられる検出器は，多種多様の制御量に関する情報を正確にとり出す必要がある．それらの詳細は広く計測関係の図書に紹介されていることから，ここではその概要を述べることとする．図1に，プロセス制御に用いられる検出変換器の例を示す．

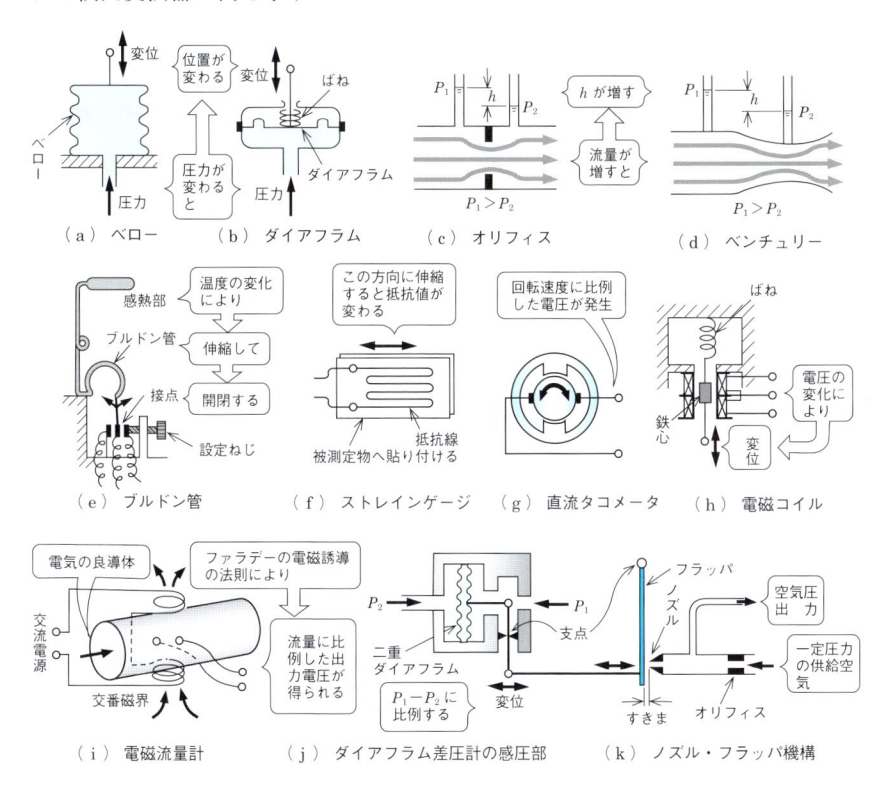

（a）ベロー　　（b）ダイアフラム　　（c）オリフィス　　（d）ベンチュリー

（e）ブルドン管　　（f）ストレインゲージ　　（g）直流タコメータ　　（h）電磁コイル

（i）電磁流量計　　（j）ダイアフラム差圧計の感圧部　　（k）ノズル・フラッパ機構

図1　各種プロセス制御用検出器

7章 安定判別法

　圧力センサを例にとると，図1(e)に示したブルドン管式の簡単なものから，U字管式の圧力計，水晶式ストレインゲージを用いた高圧用のものまで各種ある．圧力センサは私たちの身近に多くあり，ほかの工業量検出用のセンサと比較してとり扱いが容易である．

　流量計のセンサは大別すると3種類ある．

　第1に代表的なものは図1(c)，(d)に示したオリフィス，ベンチュリー管などの堰や絞りを設けて，流体の流速に応じて生じる堰の両側の圧力を検出するものである．この方式は，流体が流路の管いっぱいに流れていることが前提であり，この場合，単に差圧をとるU字管だけがセンサとして働くのではなく，差圧をとり出している付近の流管やオリフィスまでがセンサの一部となっているものである．オリフィスは，**図2**に示すように，火力発電所における蒸気タービンの制御に代表される主調速機，負荷制限器，初圧調整器などに採用されている．

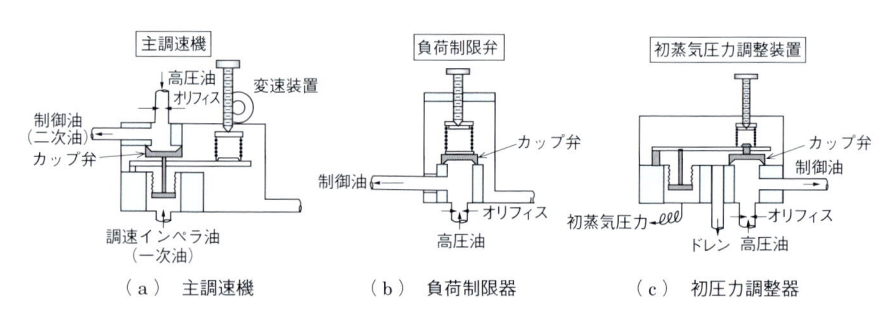

(a) 主調速機　　　(b) 負荷制限器　　　(c) 初圧力調整器

図2 タービンに用いられる検出器（火力発電用）

　第2として，水道メータやガスメータなどに見られるような，流体を水車の羽根やオーバルの隙間や袋に入れたりして，いろいろな形の枡を使用して質量を計量する方式のものである．この方式は，比較的流速や流量が小さいものに採用される．

　第3は，図1(i)に示した電磁流量計に見られるように，流体が速度をもってセンサの中に存在するときに生じる物性の変化を利用したものである．電磁力の利用のほかに，流体の中に超音波を通して流れによる音波の伝播速度差を生じさせるようにした，いわゆるドップラー効果を利用したものなど，最近では多様化している．

2 プロセス制御に用いられる調節計

プロセス制御に用いられる調節計には，電気式，油圧式，空気式の3種類があり，図3に示すような特徴がある．

電気式調節器
- 信号の伝達が容易で，増幅，演算，記録も容易
- 感度が高く不感帯も小さい
- 配線が簡単で特殊な操作源が不要
- 適用場所により，電気的ノイズや防爆に注意を要する
- 電子計算機やデータロガとの接続が容易

油圧式調節器
- 操作力と操作速度が大きく，操作ストロークも大きくできる
- 圧力の伝達遅れがない
- 油漏れによる汚れや火災の危険がある
- 気温により特性が変化する
- 油漏れに対し特に注意を要する

空気式調節器
- 増幅・演算が容易である
- 信号の伝達漏れや，操作遅れがある
- 空気が漏れても火災や汚れがない
- 機械的に丈夫で故障が少なく，保守が比較的容易
- 正常な空気源を要する

図3　各種調節計の特徴

最近では，マイクロコンピュータを内蔵し，PID動作をはじめ，リミッタ，平方根計算，単位換算，積算，補償演算，ディジタル出力，算術・論理・比較演算など数十種に及ぶ機能を1台の調節器に持たせたものが使用されている．

3 プロセス制御の操作部に用いられる機器

操作部は一般に，ダイアフラム式案内弁や噴射管と組み合わせた操作シリンダ，電磁弁，電動弁などが用いられる．操作部は，構造上入力信号を変位あるいは力に変換する駆動部（操作機構）と，その変位あるいは力を受けて操作量を直接変化させる操作部（本体部）に大別される．

プロセス制御の操作量は，その多くの場合が燃料・蒸気・給水などの流体であ

り，操作端は調節弁がほとんどである．調節弁には直動形（**図4**）と回転形（**図5**）の2種類がある．

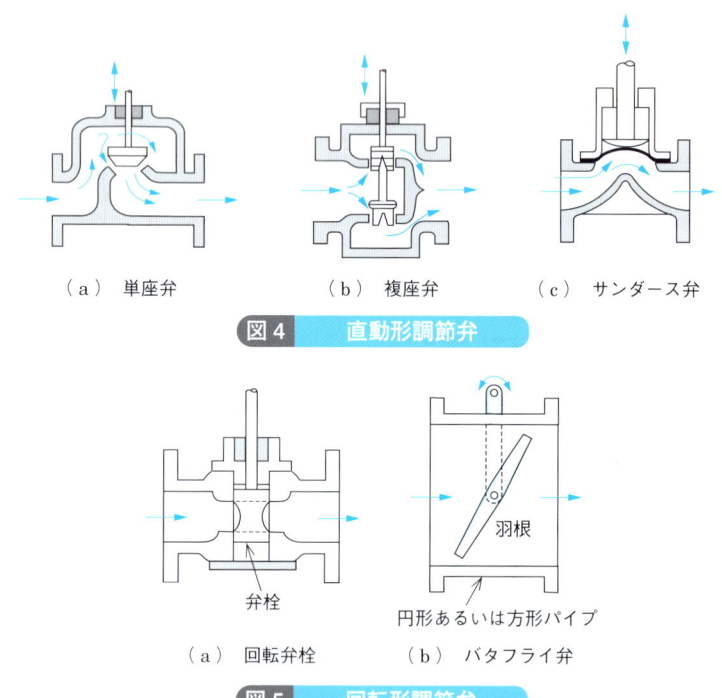

（a）単座弁　　　（b）複座弁　　　（c）サンダース弁

図4　直動形調節弁

（a）回転弁栓　　　（b）バタフライ弁

図5　回転形調節弁

　駆動部は補助エネルギーの種類によって，空気圧式，電気式，油圧式の3種類に分けられる．古くは**図6**（a）に示すような空気式駆動装置が用いられていたが，近年においては図6（b），（c）に示すような電気式駆動装置が実際のプロセス制御に多く用いられるようになった．

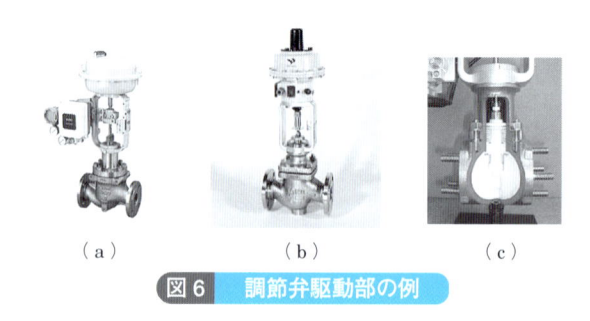

（a）　　　　（b）　　　　（c）

図6　調節弁駆動部の例

空気式は，信号空気圧または補助動力の空気圧を，綿またはネオプレン布入りダイヤフラムで受け，これを力に変換してスプリングの反力とバランスさせることにより，弁の軸の位置を定めるものである．

電気式駆動装置は電動弁と電磁弁が主流となっており，電動弁は電動機により操作軸を動かすことで比例動作が得られ，電磁弁は電磁石の開閉による2位置の動作弁となる．

> **例題2** 次のうち，電気式調節計の特徴でないものはどれか．
> (1) 信号の伝達が容易
> (2) 感度が高い
> (3) 特殊な操作源が不要
> (4) 増幅，演算が容易
> (5) 電気的ノイズを受けやすい

解答 (5)

> **例題3** 次のうち，空気式調節計の特徴でないものはどれか．
> (1) 増幅，演算が容易
> (2) 信号の伝達遅れがある
> (3) 火災の心配がない
> (4) 故障が少ない
> (5) 保守が比較的容易

解答 (2)

3 調節計の制御動作

　プロセス制御系では，これまで述べたように目標値一定の制御であることがほとんどであるため，目標値への追従の速さはあまり問題とならない場合が多く，制御対象に加わる外乱の影響の抑制が重要視される．

　プロセス制御の対象は，大局的に見て種類の如何にかかわらずほぼ似たような特性を有するので，その制御要素として「PID 調節計」が広く用いられている．

　基本的な調節動作として，P 動作（比例動作），I 動作（積分動作），D 動作（微分動作）の 3 種類がある．実際には，比例動作を基本として，さらに積分動作や微分動作を組み合わせることによって，制御対象をより滑らかに設定値に一致させる制御が行われる．

PID 調節器の伝達関数の近似式

$$G(s) = K_p \left(1 + \frac{1}{T_i s} + T_d s\right)$$

ただし，K_p：比例感度（比例ゲイン）
　　　　T_i：積分時間（リセットタイム）
　　　　T_d：微分時間（レートタイム）
　　　　s：ラプラス演算子

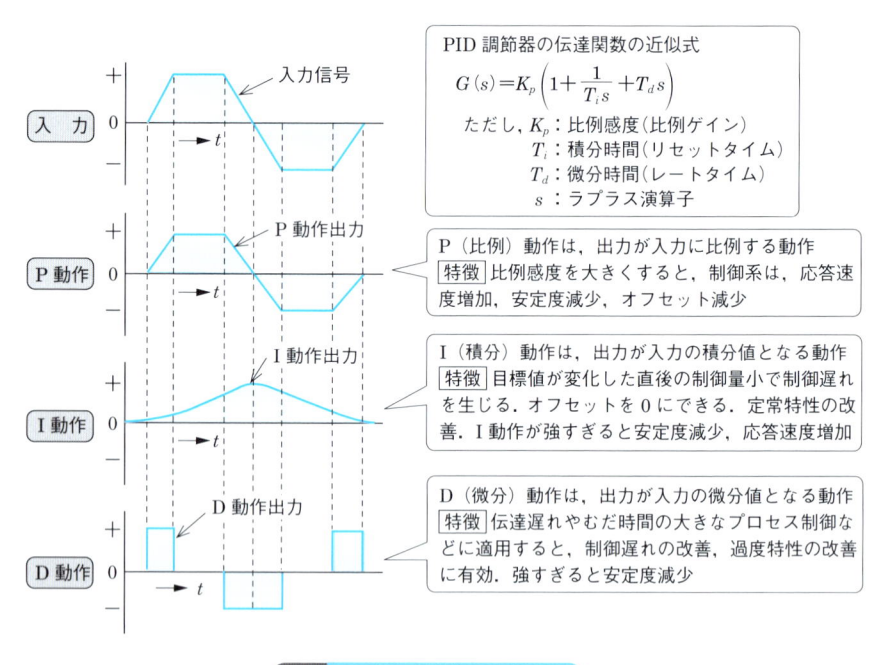

P（比例）動作は，出力が入力に比例する動作
特徴 比例感度を大きくすると，制御系は，応答速度増加，安定度減少，オフセット減少

I（積分）動作は，出力が入力の積分値となる動作
特徴 目標値が変化した直後の制御量小で制御遅れを生じる．オフセットを 0 にできる．定常特性の改善．I 動作が強すぎると安定度減少，応答速度増加

D（微分）動作は，出力が入力の微分値となる動作
特徴 伝達遅れやむだ時間の大きなプロセス制御などに適用すると，制御遅れの改善，過度特性の改善に有効．強すぎると安定度減少

図1 PID 動作の概要

図1にPID動作の概要を示す.

PID制御は,その制御パラメータの物理的意味が感覚的にわかりやすいなどの特徴があることから,炉の温度制御をはじめとするプロセス産業において,実用的に優れた制御方式であるので広く採用されている.

PID制御の制御則は,偏差を$e(t)$とすると次式で示される.

$$u(t) = K_P \left\{ e(t) + \frac{1}{T_i} \int_0^t e(\tau) d\tau + T_d \frac{de(t)}{dt} \right\} \tag{1}$$

ここで,図1にも示したが,K_Pは比例感度(比例ゲイン),T_iは積分時間(リセットタイム),T_dは微分時間(レートタイム)と呼ばれるものである.

また,偏差を入力,操作量を出力とした場合の伝達関数は次式で表される.

$$G(s) = K_P \left(1 + \frac{1}{T_i s} + T_d s \right) \tag{2}$$

1 P動作(比例動作)

伝達関数が次式で示されるような調節計を,比例動作調節計という.式中のK_Pは,図1に示した式のK_Pと同じである.

$$G(s) = K_P \tag{3}$$

P動作は,設定値に対して比例帯を持ち,その中では操作量(制御出力量)が偏差に比例する動作で,ハンチングの小さい滑らかな制御が可能となる.

例えばヒータを用いた温度制御では,図2に示すように,現在温度が比例帯より低ければ操作量は100%,比例帯に入れば操作量は偏差に比例して徐々に小さくなり,設定値と現在温度が一致(偏差=0の状態)すると操作量は50%となる.現在温度が設定値より大きくなってくれば,操作量はさらに徐々に小さくなって,比例帯より高い温度では操作量は0%となる.

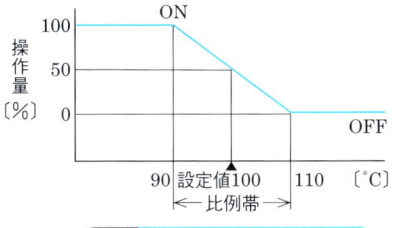

図2 P動作(比例動作)

しかし,P動作のみでは温度を目標値と最終的に一致させることはできない.これは,ステップ応答に対する定常位置偏差(オフセットという)が生じるた

めである．P動作のゲインを大きくとる（式（1）におけるK_pを大きくする）ことにより，定常位置偏差値を小さくしていくことができるが，ハンチングが大きくなり安定性を損ねるため，P動作のみでの制御には限界がある．

したがって，一般には定常位置偏差をなくすために，I動作を併用する．

2 I動作（積分動作）

伝達関数が次式で示されるような調節計を，積分動作調節計という．

$$G(s) = \frac{K_i}{s} \tag{4}$$

I動作は，P動作で発生する定常位置偏差（オフセット）を自動的に0となるように，出力変化を与えるものである．このとき，偏差の量に対応して出力の変化率を決める値を積分時間と呼び，積分時間が短いほどI動作が強く（出力の変化率が大きく）なる．

I動作は前述のように通常P動作と組み合わせてPI動作として使用されるが，このときステップ入力を与えて，P動作のみによる出力とI動作のみによる出力が等しくなるまでの時間が積分時間である．この関係を**図3**に示す．図に示すように，時間の経過に従って出力が増加し，それに伴いオフセットがなくなり，測定値と設定値とが一致するようになる．

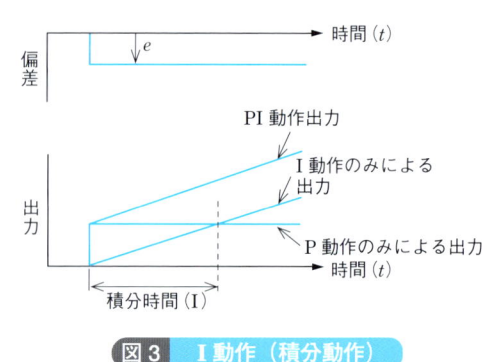

図3 I動作（積分動作）

3 D動作（微分動作）

伝達関数が次式で示されるような調節計を，微分動作調節計という．

$$G(s) = K_d s \tag{5}$$

D動作は，急激な外乱による変動を抑えるためのものであり，微分時間をレート時間と呼ぶ．

P動作やD動作は制御結果に対する訂正動作なので，応答が遅くなる．また，

オーバシュートが発生して制御系が不安定になったりする場合もある．微分動作はこの欠点を補うもので，偏差の生じる傾斜（微分係数）に比例した操作量で訂正動作を行う．これにより，急激な外乱に対して大きな操作量を与えて，早く元の制御状態に戻るように機能するものである．

微分動作は必ずP動作，またはPI動作と組み合わせて，PDまたはPID動作として使用される．

PD動作の場合にランプ入力（一定の変化率の入力）を与え，P動作のみによる出力がD動作のみによる出力と等しくなるまでの時間を，微分時間と呼ぶ．微分時間が長いほど，微分動作は強く（偏差の変化率に対する出力の変化率が大きく）なる．（図4参照）

図4　D動作（微分動作）

PID動作は比例動作，積分動作，微分動作の組合せとなるものである．図5にステップ状偏差に対するPID動作の操作量の推移を示す．ステップ状偏差発生時の急激な変化に対してのみD動作が働き，I動作により一定の傾きで操作量が大きくなり，偏差を補正する．

図5　PID動作の出力ステップ応答

図6にランプ状偏差に対するPID動作の操作量を示す．偏差の傾きが発生するとD動作はステップ状に立ち上がり，その後一定の操作量を示す．また，P動作による操作量は一定の傾きをもった直線となり，それに応じてI動作の操作量が二次曲線となる．

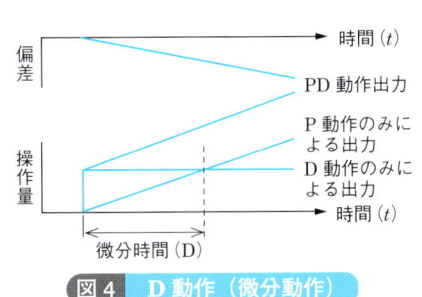

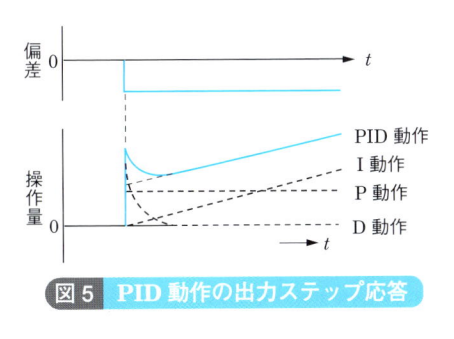

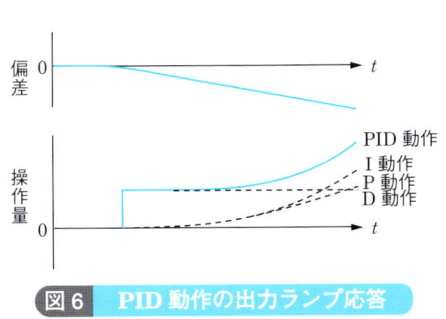

図6　PID動作の出力ランプ応答

7章 プロセス制御

なお,近年のマイクロプロセッサの普及に伴い,制御方式もアナログ方式からディジタル方式に変わってきているが,PID制御装置も計算機で実現されるようになった.これをDDC(直接ディジタル制御)と呼ぶが,アナログ方式のようなドリフトがないこと,制御装置の制御系パラメータの変更がコンソールのキーボード上で容易に行えること,メンテナンスが簡単であることなど優れた特徴を有している.

> **例題4** プロセス制御で用いられている制御装置として,PID調節計がある.その伝達関数 $G(s)$ は,近似的ではあるが,次式で表される.
> $$G(s) = K_P\left(1 + \frac{1}{T_i s} + T_d s\right)$$
> 上式において,K_P,T_i および T_d は,それぞれ何と呼ばれるものか答えよ.

解答 K_P:比例感度(比例ゲイン)　　T_i:積分時間　　T_d:微分時間
(K_P は,JIS Z 8116「自動制御用語」では比例ゲインとされている)

人間の五感を支えるセンサ

産業界における製作機械や建設機械など,人間が手を下さなくとも望みどおりの仕事を機械が自動的に行ってくれる「優れもの」が多く出現してきた.

これは,機械が頭脳すなわちコンピュータを持ったからである.その陰には,コンピュータが働くために正確な情報をとり入れるためのセンサ技術の発達が大きく寄与している.

センサは人間の五感(視覚,聴覚,触覚,臭覚,味覚)に相当し,機械が測定しようとする物理量や化学量の熱,光,流量,圧力,ガス,磁気,放射能などを電気信号に変換するものである.

また,五感を超えた領域までセンシングできる赤外線・紫外線センサ,超音波センサなどの素子も多く出現している.

4 調節計のパラメータ調節

プロセス制御系の制御要素として PID 調節計が用いられるが，プロセス制御系の設計においては，前節からもわかるとおり PID 調節計のパラメータ調節（最適調整）が主な問題となる．本節では，この PID 調節計のパラメータ調節について概述する．

PID 調節計を用いてプロセスを制御しようとすると，最適の制御性能が期待できるように K_p，T_i および T_d などのパラメータを調節することが必要になる．このパラメータの最適調整法としては，現在種々の方法が提案されている．本節では，比較的簡単でよく用いられているジーグラー・ニコルスの方法（制御対象の特性値を利用する方法），ジーグラー・ニコルスの限界感度法およびチェイン・レスウィックの方法（過渡応答に着目する方法）について概述する．

1 ジーグラー・ニコルスの方法（制御対象の特性値を利用する方法）

プロセスの伝達関数の図1に示すように，過渡応答波形を（積分時間）+（むだ時間）として近似し，$G(s) = \dfrac{R}{s} \varepsilon^{-sL}$ のようにし，その特性値 R と L を表1に適用して調節計のパラメータ K_p，T_i および T_d を決定しようとするものである．

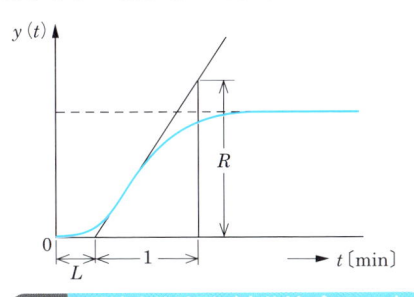

図1 過渡応答波形（定位性プロセス）

表1 ジーグラー・ニコルスの調整条件

調整 制御動作	K_p	T_i	T_d
P	$1/RL$	∞	0
PI	$0.9/RL$	$3.3L$	0
PID	$1.2/RL$	$2.0L$	$0.5L$

2 ジーグラー・ニコルスの限界感度法

限界感度法は,ステップ入力に対する制御量の振幅減衰比（相隣れる極大値の比）は25％程度が適当であるという考えに基づいて，K_p，T_i および T_d の最適値を定めたものである．

この方法は，まず調節計の積分時間 T_i，微分時間 T_d を，$T_i \to \infty$，$T_d \to 0$ として比例要素 K_p のみとする．次に任意の K_p に対するステップ応答を観察し，その振動波形が安定限界になるまで K_p の値を高め，そのときの値を K_0（P動作における安定限界ゲイン）とする．さらにそのときの持続振動周期を T_0 として求め，**表2** に適用して最適なパラメータ K_p，T_i および T_d を決定しようとするものである．

表2 限界感度法による調節計パラメータの決定

	K_p	T_i	T_d
P動作	$0.5 K_0$	——(∞)	——(0)
PI動作	$0.45 K_0$	$0.83 T_0$	——(0)
PID動作	$0.6 K_0$	$0.5 T_0$	$0.125 T_0$

ただし，K_0：P動作における安定限界ゲイン
T_0：その場合の持続振動の周期

なお，表2により調整された制御系をゲイン余裕，位相余裕の見地より検討すると，一般的に次のようになり，サーボ系に比較していずれも小さくなっている．

　　　　ゲイン余裕：3～9 dB　　位相余裕：20°以上

これは，プロセス制御系では前述のように，目標値の変化に対する応答より外乱に対する応答に着目しているためであり，目標値の変化に対しては大きな行き過ぎを生じることもあるので，注意が必要である．

ここで，**図2** に示すプロセスの伝達関数が

$$G_p(s) = \frac{K}{1+Ts} \varepsilon^{-sL} \tag{1}$$

のように近似できたものとして，$K=2$，$T=5$ min，$L=1$ min のように与えられた場合を考える．式（1）は次のようになる．

調節計のパラメータ調節 4

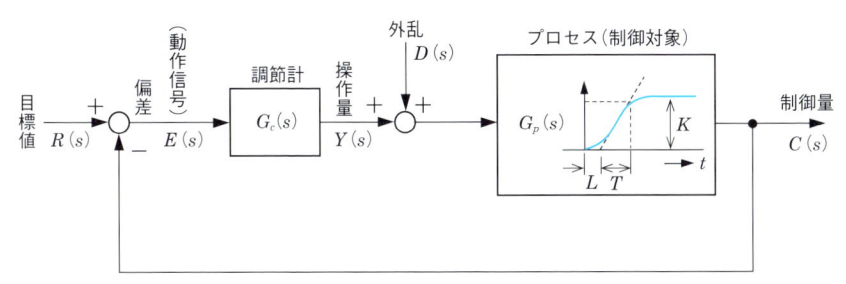

図2 プロセス制御系

プロセスのブロック内：プロセス自体のインディシャル応答（動特性）を示す

$$G_p(s) = \frac{2}{1+5s}\varepsilon^{-s \times 1} \quad (2)$$

調節計の制御動作をP動作として，安定限界におけるK_pの値K_0とこのときの持続振動の周期T_0を求める．

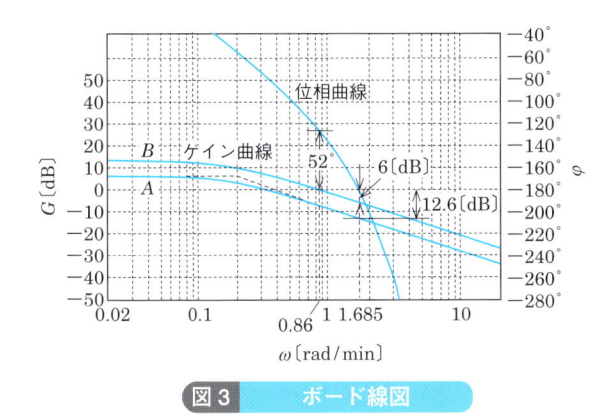

図3 ボード線図

$G_p(s)$のボード線図は，図3に示すようなゲイン曲線Aと位相曲線が得られる．この場合，ゲイン余裕は12.6dBとなるから，比例ゲインK_pを12.6dBとすると，この制御系は安定限界となることがわかる．したがって，安定限界におけるK_pの値K_0は，$20\log K_0 = 12.6$より，

$$K_0 = 4.26 \quad (3)$$

また，位相曲線より位相交点の周波数が，$\omega_0 = 1.685$〔rad/min〕となるから，持続振動の周期T_0は，

$$T_0 = \frac{2\pi}{\omega_0} = 3.73 \ \text{〔min〕} \tag{4}$$

となる．

　この結果を PID 動作について適用すると，表 2 により調節計に設定可能に最適パラメータ（最適値）を次のようにすることができる．

$$K_P = 0.6K_0 = 2.56 \quad T_I = 0.5T_0 = 1.865 \quad T_D = 0.125T_0 = 0.466$$

となる．

　この場合の開ループ伝達関数は次のようになる．

$$G(s) = \frac{2.74(1+1.865s+0.87s^2)}{s} \times \frac{1}{1+5s} \varepsilon^{-s} \tag{5}$$

　この方法を用いると，D 動作の付加により速応性が向上することがわかり，I 動作により制御系は I 形となることから，外乱によるオフセットが生じないこととなる．

3 チェイン・レスウィックの方法（過渡応答に着目する方法）

　プロセスの伝達関数を図 2 に示すように，過渡応答波形から（一次遅れ要素）＋（むだ時間）として推定し，その特性値を時定数 T，ゲイン定数 K，むだ時間 L を図式的に決定するものである．ただし，高次遅れの応答をこの方法によって $G_p(s) = \frac{K}{1+Ts}\varepsilon^{-sL}$ として近似しようとする場合，応答の立ち上がりに描かれる接線は，波形の変曲点を通る直線となる．

　このとき，チェイン・レスウィックは最適な応答のかたちとして，行き過ぎ量 20 ％と行き過ぎ量なしの場合の 2 通りについて，その調整条件を**表 3** に示す

表 3 チェイン・レスウィックの調整条件（目標値変化に対する設定）

調節計の条件		比例感度	積分時間	微分時間
注目する条件	動作	K_p	T_i	T_d
行き過ぎなし	P	0.3 T/KL	∞	0
	PI	0.35 T/KL	1.2 T	0
	PID	0.6 T/KL	T	0.5 L
行き過ぎ 20 ％	P	0.7 T/KL	∞	0
	PI	0.6 T/KL	T	0
	PID	0.95 T/KL	1.35 T	0.47 L

ように定めたものである．

4 PIDパラメータ調整のチューニング

　PID制御のパラメータ調整は，抵抗加熱炉などの温度制御を例にとると，炉の運転時に温度の応答を見ながら過去の経験を生かして，現場サイドでは試行錯誤的に決めていく手段が一般的であり，これを「セルフチューニング」という．

　しかし，前述したように近年においては，電子式の温度調節計などが採用されるようになってきている．電子式の温度調節計は，現場での経験値を把握したことを前提として，制御対象に100％と0％のステップ入力を数回与えて，そのときの温度の応答波形からPIDパラメータを自動的に演算する機能を備えるものである．

　この機能は一般に「オートチューニング」と呼ばれる．オートチューニングを有効に使うことにより，要求するPIDパラメータがある程度自動的に決定されるため，炉の運転責任者や担当者の仕事の負担は軽減されることとなる．つまり，担当者は微調整のみを行えばよいこととなる．

例題5　次の記述中の空白箇所①，②，③および④に当てはまる字句として，正しいものを組み合わせたものは解答群のうちどれか．

　プロセス制御において，　①　が一般によく用いられている．これは，「比例＋積分＋微分」動作（PID動作）からなる．すなわち，　②　動作において生じる　③　をなくすため積分動作が加えられ，定常特性が改善される．また，過渡特性を改善する目的で，　④　動作が用いられる．

解答群

	①	②	③	④
(1)	フィードバック制御	比　例	リセット	微　分
(2)	3動作調節計	比　例	リセット	積　分
(3)	フィードバック制御	微　分	オフセット	比　例
(4)	3動作調節計	微　分	オフセット	比　例
(5)	3動作調節計	比　例	オフセット	微　分

解答　(5)

7章 プロセス制御

問題2 次のうち，プロセス制御系でよく用いられる制御装置のPID調節計に関する説明として，誤っているものはどれか．
(1) P動作は入力信号に比例した出力信号が得られ，その特徴は，オフセットが残るという欠点がある．
(2) I動作は入力信号を積分した信号出力が得られ，その特徴は，オフセットが0になるまで出力信号が出ることである．
(3) D動作は入力信号を増幅した出力信号が得られ，その特徴は，伝達の遅れやむだ時間の大きな制御系に適用すると，制御遅れの改善に効果がある．
(4) P動作のゲインを大きくすると，制御系の安定性は減少するが，オフセットが減少し応答は速くなる．
(5) PID動作は三項動作ともいわれる．

オペレータの役割は重要

コンピュータ化により制御システムは高度化されてきたが，システム内に人間が不要となったわけではない．制御システム自体が目的どおり正常に作動しているかどうかを常時監視し，異常が発生した場合，直ちに適切な処置を施すのはオペレータである．つまり，人間は依然として重要な存在なのである．

とくに，原子力発電所での核反応暴走事故があってはならないのは当然のことであり，このため，一般のシステムと比較するとけた違いの信頼性が要求されている．ここで働くオペレータ（技術者）達は特殊な訓練を行い，オペレータをさらに監視するリーダーは国家資格を必要とするなど，監視の階層構造がとられている．

2007年問題はまさにこの「オペレータの技術継承」が大切ではなかろうか．

「伊勢神宮は20年ごとに建替えする」ことが良く話題に上がる．諸外国から「頻繁に建替えるのは，日本にはストックの蓄積という概念がない」「リサイクルなどを考えていない」と言われるが，伊勢神宮建替えの最大の目的は複雑な建て方をする「宮大工の技術の継承」を，20年ごとにしないと匠の熟練された技術の継承が十分にできないからだ，という説が主流となってきている．

このことからも，制御システムの分野においても今後，熟練オペレータの「技術継承」に努めていく必要があるといえるだろう．

7章のまとめ

1 プロセス制御

・プロセス制御とは，温度，湿度，圧力，濃度，pH，流量，液位などの工業プロセスの状態量を制御量とするもので，プロセスに加わる「外乱」の抑制を主目的とする制御をいう．

・プロセス制御系では，外乱の大きさによってその対応に大幅な時間（プロセスにおけるむだ時間）がかかる．この外乱への対応については，フィードバック制御には限界があり，外乱に対する応答が遅くなれば，プロセス制御で製造（生産）される製品に不良品が発生するばかりか，エネルギー損失も大きくなる．

2 フィードフォワード制御

・外乱に対する応答をとにかく速くする（外乱の影響をすばやく処理する）ように考えられたものが，「フィードフォワード制御」である．

・フィードフォワード制御は，外乱などによる影響が現れる前に，事前にその影響を極力抑えるように訂正動作を行う制御方式であるため，外乱を事前に検知する有効な手段と，外乱検知時における適正な制御量の決定が必要となる．

3 プロセス制御の機器

　プロセス制御に用いられる調節計には，電気式，油圧式，空気式の3種類があり，最近では，マイクロコンピュータを内蔵し，PID動作をはじめ，リミッタ，平方根計算，単位換算，積算，補償演算，ディジタル出力，算術・論理・比較演算など数十種に及ぶ機能を1台の調節器に持たせたものが使用されている．

4 プロセス制御の対象

・プロセス制御の対象は，大局的に見て種類の如何にかかわらずほぼ似たような特性を有するので，その制御要素としてP動作（比例動作），I動作（積分動作），D動作（微分動作）を制御目的に合うよう組み合わせた「PID調節計」が広く用いられている．

・PID調節計を用いてプロセスを制御する場合，最適の制御性能が期待できるよう比例感度（比例ゲイン），積分時間および微分時間などのパラメータを調節することが必要になる．

・パラメータの最適調整法としては，比較的簡単でよく用いられているジーグラー・ニコルスの方法（制御対象の特性値を利用する方法），ジーグラー・ニコルスの限界感度法およびチェイン・レスウィックの方法（過渡応答に着目する方法）がある．

・PID制御のパラメータの調整には，セルフチューニングとオートチューニングがある．

解　答

●1章●

問題1　①目標値　②検出部　③制御系　④操作部

問題2　①制御量　②目標値　③訂正　④閉回路（閉ループ）　⑤戻す

問題3　①温度　②オン・オフ　③膨張率　④バイメタル　⑤上昇

問題4　①追従　②定値　③重視　④プログラム

問題5　$R \to R$, $C \to \dfrac{1}{sC}$ と置いて，入力と出力の関係をインピーダンスの計算と同様にして求める．

$$E_2(s) = \dfrac{R + \dfrac{1}{sC}}{\dfrac{R\dfrac{1}{sC}}{R + \dfrac{1}{sC}} + R + \dfrac{1}{sC}} E_1(s)$$

上式を整理すると，

$$E_2(s) = \dfrac{(1+sCR)^2}{(1+sCR)^2 + sCR} E_1(s)$$

したがって，求める伝達関数 $G(s)$ は，

$$G(s) = \dfrac{E_2(s)}{E_1(s)} = \dfrac{(1+sCR)^2}{(1+sCR)^2 + sCR} \qquad \text{（答）}$$

　問題の回路の微分方程式は簡単には求まらないので，上記のごとく置き換え法によって伝達関数を求めるのが得策である．電験3種レベルの問題を解くには，置き換え法を学習しておくことが大切である．

解　答

問題6　回路に流れる電流を i とすると，

$$E_i = R_i + E_o \tag{1}$$

$$I = \frac{E_i}{2R + \dfrac{1}{j\omega C}} \tag{2}$$

式 (1)，(2) より，

$$\frac{E_o}{E_i} = \left(1 - \frac{R}{2R + \dfrac{1}{j\omega C}}\right) = \frac{1 + j\omega CR}{1 + j2\omega CR}$$

となるので，周波数伝達関数 $G(j\omega)$ は，

$$G(j\omega) = \frac{E_o}{E_i} = \frac{1 + j\omega CR}{1 + j2\omega CR} \qquad \text{（答）}$$

●2章●

問題1　与えられたブロック線図において前向き伝達関数をまとめると，図 (**1**) に示すようになる．

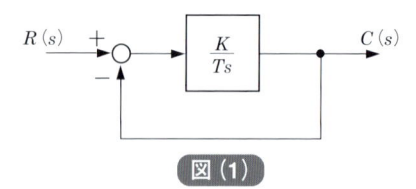

図 (1)

したがって閉路系の伝達関数 $W(s)$ は，次式となる．

$$W(s) = \frac{K/Ts}{1 + (K/Ts)} = \frac{K}{K + Ts} = \frac{1}{1 + \dfrac{T}{K}s}$$

一方，一次遅れ要素の伝達関数の一般形は $K/(1+Ts)$ であるから，この式と伝達関数 $W(s)$ とを比較すれば，ゲインは1，時定数は T/K と求まる．

　　ゲイン = 1，時定数 = T/K 　　（答）

問題2　$G_1(s)$ と $G_2(s)$ は，並列接続された合成伝達関数である．これを $H(s)$ とすると，

$$H(s) = G_1(s) - G_2(s)$$

となる．与えられたブロック線図を $H(s)$ を用いて描き直すと，図 (**2**) に示すようになる．したがって，合成伝達関数 $C(s)/R(s)$ は，次のように求まる．

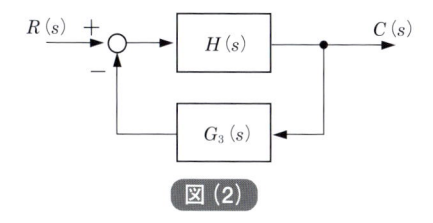

解 答

図(2)

$$\frac{C(s)}{R(s)} = \frac{H(s)}{1+G_3(s)H(s)} = \frac{G_1(s)-G_2(s)}{1+G_3(s)\{G_1(s)-G_2(s)\}}$$

$$\frac{G_1(s)-G_2(s)}{1+G_3(s)\{G_1(s)-G_2(s)\}} \quad \text{(答)}$$

問題3 $F(s)$ および $K(s)$ が並列に接続された合成伝達関数を $M(s)$ とすれば,
$$M(s) = F(s) + K(s)$$
となる．また $G(s)$ と $H(s)$ で構成される内側のフィードバックループの伝達関数を $N(s)$ とすれば,
$$N(s) = \frac{G(s)}{1+G(s)H(s)}$$
となる．したがって，与えられたブロック線図は，図 (3) に示すように簡単化できる．

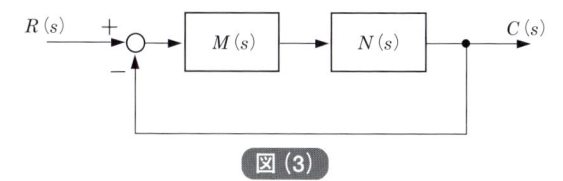

図(3)

この図から，合成伝達関数 $C(s)/R(s)$ は，次のように求まる．

$$\frac{C(s)}{R(s)} = \frac{M(s)N(s)}{1+M(s)N(s)} = \frac{\{F(s)+K(s)\}\cdot\dfrac{G(s)}{1+G(s)H(s)}}{1+\{F(s)+K(s)\}\cdot\dfrac{G(s)}{1+G(s)H(s)}}$$

$$= \frac{G(s)\{F(s)+K(s)\}}{1+G(s)\{H(s)+F(s)+K(s)\}}$$

$$\frac{G(s)\{F(s)+K(s)\}}{1+G(s)\{H(s)+F(s)+K(s)\}} \quad \text{(答)}$$

問題4 与えられたフィードバック制御系の閉路伝達関数 $W(s)$ を求めると，次式が得られる．

解答

$$W(s) = \frac{Y(s)}{X(s)} = \frac{G(s)}{1+G(s)} = \frac{\dfrac{2}{s(s+2)}}{1+\dfrac{2}{s(s+2)}} = \frac{2}{s^2+2s+2} \quad (1)$$

式（1）と与えられた式の分子および分母を比較すると，固有角周波数 ω_n は，
$$\omega_n^2 = 2$$
$$\therefore \quad \omega_n = \sqrt{2} \quad (\because \quad \omega_n > 0)$$
となる．また，
$$2\zeta\omega_n s = 2s$$
$$\therefore \quad \zeta = 1/\omega_n = 1/\sqrt{2}$$
$$\omega_n = \sqrt{2}, \quad \zeta = 1/\sqrt{2} \qquad \text{（答）}$$

● 3章 ●

問題1 与えられた回路に流れる電流を図（**1**）に示すように $I(j\omega)$ とすれば，次の諸式が得られる．

$$E_i(j\omega) = \left\{(R_1+R_2) + \frac{1}{j\omega C_2}\right\} I(j\omega) \quad (1)$$

$$E_o(j\omega) = \left(R_2 + \frac{1}{j\omega C_2}\right) I(j\omega) \quad (2)$$

図（**1**）

よって周波数伝達関数は，式（2）を式（1）で割って，

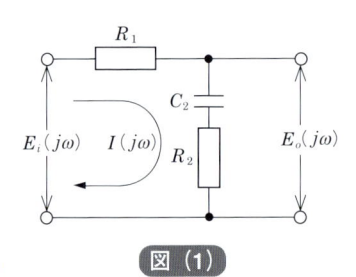

$$G(j\omega) = \frac{E_o(j\omega)}{E_i(j\omega)} = \frac{(R_2 + 1/j\omega C_2)I(j\omega)}{\{(R_1+R_2) + 1/j\omega C_2\}I(j\omega)}$$
$$= \frac{1+j\omega R_2 C_2}{1+j\omega(R_1+R_2)C_2} \quad (3)$$

式（3）と題意の式を比較して，次式を得る．
$$T_1 = R_2 C_2$$
$$T_2 = (R_1 + R_2) C_2$$
$$T_1 = R_2 C_2, \quad T_2 = (R_1 + R_2) C_2 \qquad \text{（答）}$$

問題2 与えられた図に位相角が $-135°$ になる点をプロットすると，図（**2**）に示すようになる．位相角が $-135°$ になる点において，$G(j\omega)$ の実数部の値と虚数部の値は等しいから，与式の分母を変形して整理すると，

$$j\omega(1+j0.2\omega) = -0.2\omega^2 + j\omega$$

を得る．よって求める ω_0 は，
$$0.2\omega^2 = \omega$$
$$\therefore \quad \omega_0 = 1/0.2 = 5 \text{ [rad/s]}$$
となる．したがって，このときのゲインは，次式のように求まる．

解答

$$|G(j\omega)| = \left|\frac{10}{j5(1+j)}\right| = \frac{10}{5} \times \left|\frac{1}{j(1+j)}\right|$$

$$= 2 \times \frac{1}{\sqrt{1^2+1^2}} = \sqrt{2}$$

$\omega_0 = 5 \text{ [rad/s]}, \quad |G(j\omega)| = \sqrt{2}$ （答）

問題3 制御系の過渡特性を評価する指標としては，応答の速さ（速応性）と安定の良さ（安定度）があげられる．ちなみに制御系が不安定であるとその応答は持続振動をするか発散する．

制御系の安定性は，ゲイン余裕と位相余裕の二つの尺度で判定する．

(a) ゲイン余裕

一巡周波数伝達関数 $G(j\omega)$ のゲイン g は，

$$g = |G(j\omega)|$$

で求めることができる．一般的には，ゲインはデシベル〔dB〕として与えられることが多い．この場合，ゲインは次式で示される．

$$g = 20 \log_{10} |G(j\omega)| \text{ [dB]}$$

ゲイン余裕は一巡伝達関数の位相が $-180°$ となる角周波数において，ゲインが1（0 dB）に対して，どれだけ余裕があるかを示すパラメータである．

(b) 位相余裕

一巡周波数伝達関数の位相角は，

$$\phi \angle G(j\omega) \text{ [°]}$$

となる．この位相が $-180°$ を超えると，その応答は持続振動を起こす．位相余裕はゲインが1（0〔dB〕）となる角周波数において，その位相角が $-180°$ に対して，どれだけ余裕があるのかを示すパラメータである．

ある一巡周波数伝達関数のベクトル軌跡におけるゲイン余裕と位相余裕を，**図(3)** に示す．この図において，ベクトル軌跡が半径1の単位円と交わる点をゲイン交点という．また，ベクトル軌跡が負の実軸を切る点を位相交点という．

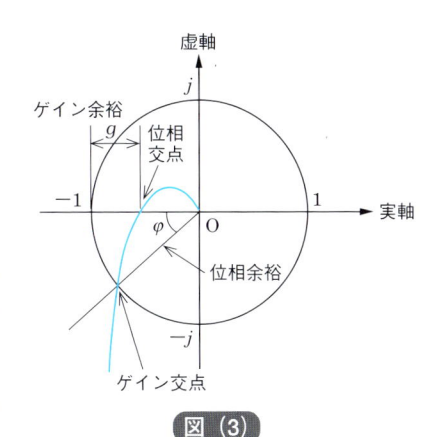

①ゲイン　②位相余裕　③位相　④ゲイン余裕　⑤応答性　（答）

●4章●

問題1 自動制御系における主フィードバック信号は，一般に負となって加え合わせ点で合成される．これをネガティブフィードバック（negative feedback）という．したがって，最も位相遅れが少ない場合でも，信号が一巡すると少なくとも180°の位相遅れを生じることになる．さらに周波数を高くしていくと，閉ループを一巡して加えられる信号は180°以上の遅れを生じるようになり，さらに周波数を高くすると，位相遅れが360°に達して，入力信号と同相になる．このとき主フィードバック信号が入力信号より大きくなると，その後，入力信号をとり去っても主フィードバック信号は一巡するごとに振幅が増加して不安定に陥る．

　　①フィードバック　　②180°　　③1以上　　　（答）

問題2 フィードバック制御系でループの1箇所を開いた周波数伝達関数を，一巡周波数伝達関数または開ループ周波数伝達関数という．この一巡周波数伝達関数 $G(j\omega)$ に対して角周波数 ω を変化させたとき，$G(j\omega)$ が描くベクトルの先端の軌跡を複素平面上に描いたものをナイキスト線図という．このナイキスト線図を用いれば制御系の安定判別を行うことができる．

　3節の図3に示すようにナイキスト線図で，$G(j\omega)$ のベクトル軌跡が $(-1, j0)$ の点を左に見て通過するときは安定，この点上を通過するときは安定限界，右に見て通過するときは不安定である．

　　①ナイキスト　　②左　　③右　　　（答）

問題3 与えられた制御系の一巡周波数伝達関数を $G(j\omega)$ とすると，

$$G(j\omega) = \frac{1}{j\omega(1+j\omega)^2} = \frac{1}{-2\omega^2 + j\omega(1-\omega^2)} \tag{1}$$

となる．式（1）で示される一巡周波数伝達関数 $G(j\omega)$ が実軸と交わるとき，その虚数部は0になる．したがって，

$\quad\quad \omega(1-\omega^2) = 0$
$\quad\quad \omega^2 = 1$
$\therefore \quad \omega = \omega_0 = 1 \quad\quad (\because \quad \omega_0 > 0)$

となる．よってこのときの a の値は，求めた $\omega_0 = 1$ を式（1）に代入すれば求まる．

$$a = G(j\omega_0) = \frac{1}{-2 \times 1^2} = -0.5 \quad\quad （答）$$

問題4 目標値の変更や外乱などが制御系に与えられたとき，この制御系は，現在の安定状態から過渡的に状態を変化させて次の安定状態へと移行する．このとき制御系の設計や設定に不具合があると，出力が振動したり，発散したりなどして不安定な状態に陥る．このため，制御系が安定であるかどうかをあらかじめ判定することが重要である．

解 答

制御系の安定判別の方法として，ナイキスト，ラウスおよびフルビッツの安定判別法がある．

(a) ナイキストの安定判別法

ナイキストの安定判別法は，周波数伝達関数 $G(j\omega)$ のゲイン $|G(j\omega)|$ と位相角 $\angle G(j\omega)$ を用いて判別する方法である．具体的には，ベクトル軌跡が $(-1, j0)$ の点を左側に見て進む場合，この制御系は安定であると判定する．一方，ベクトル軌跡が $(-1, j0)$ の点を右側に見て進む場合，この制御系は不安定であると判定する．なお，ベクトル軌跡が $(-1, j0)$ の点の上を通る場合，この制御系は安定限界である．

(b) ラウスの安定判別法

ラウスの安定判別法によれば，制御系が安定となるための条件として次の2点を満たすこととしている．つまり，制御系の特性方程式が s の有理多項式で与えられたとき，
(1) s の各次数の係数が存在し，かつ，すべて正であること
(2) ラウスの配列において，第1列（最左列）の要素がすべて同符号であること

(c) フルビッツの安定判別法

フルビッツの安定判別法によれば，制御系の特性方程式が s の有理多項式で与えられたとき，この制御系が安定する条件として，次の2点をあげている．
(1) 特性方程式における s の各次数の係数がすべて存在し，かつ，同符号であること
(2) フルビッツの行列式 H_i の値がすべて同符号であること

①ベクトル　②特性方程　③係数　④ラウス　⑤行列　　（答）

● 5章 ●

問題1 二次遅れ要素の一般形は，減衰係数を ζ，固有角周波数を ω_n とすると次式で与えられる．

$$G(s) = \frac{\omega_n^2}{s^2 + 2\zeta\omega_n s + \omega_n^2} \tag{1}$$

式（1）の特性方程式は，

$$s^2 + 2\zeta\omega_n s + \omega_n^2 = 0 \tag{2}$$

であり，式（2）の特性根を s_1, s_2 とすれば，

$$s_1, s_2 = (-\zeta \pm \sqrt{\zeta^2 - 1})\omega_n \tag{3}$$

となる．式（3）の根号内の $\zeta^2 - 1$ の値によって，系のインディシャル応答が変化する．

① $\zeta^2 - 1 > 0$（$\zeta^2 > 1$）のとき
　減衰量が大きすぎるので**過制動状態**となる．
② $\zeta^2 - 1 = 0$（$\zeta^2 = 1$）のとき
　最短時間で目標値に到達する**臨界制動**をする．
③ $\zeta^2 - 1 < 0$（$\zeta^2 < 1$）のとき
　$2\pi/\omega_n\sqrt{1-\zeta^2}$ を周期とする**減衰振動**をする．

式（1）の周波数伝達関数 $G(j\omega)$ は，

$$G(j\omega) = \frac{\omega_n^2}{(\omega_n^2 - \omega^2) + j2\zeta\omega_n \omega} \tag{4}$$

である．よって式（4）の絶対値（ゲイン）は，

$$|G(j\omega)| = \frac{\omega_n^2}{\sqrt{(\omega_n^2-\omega^2)^2+4\zeta^2\omega_n^2\omega^2}} \quad (5)$$

となる．式（5）が最大となるためには，分母の根号の中の値が最小になればよい．そこで，ωで微分してその値が最小になるωを求めると，

$$\omega = \omega_n\sqrt{1-2\zeta^2} \quad (6)$$

と求まる．このωが実数として存在するためには式（6）の根号内が正である必要があり，

$$1-2\zeta^2 > 0$$
$$\therefore \zeta < 1/\sqrt{2} = 0.707$$

の条件が求まる．すなわち$\zeta < 1/\sqrt{2} = 0.707$になるとこの系はピークを持つようになる．このピークの値を共振値と呼び，制御系の設計の目安として用いられている．

$$共振値 M_p = \frac{1}{2\zeta\sqrt{1-\zeta^2}}$$

共振値は，サーボ系では1.2〜1.4くらいにとり，プロセス系では1.5〜2.5くらいにとるのが好ましい．

①固有角周波数　②減衰係数　③ 1.0　④ $1/\sqrt{2}$または0.707　⑤共振値

（答）

●6章●

問題1 サーボ機構とは，制御対象である物体の位置，角度などの機械的変位を制御量とする制御系である．この制御系は，目標値が任意変化をする追従制御になる．

　サーボ機構は，一般にフィードバック制御系で構成される．また負荷を駆動制御する操作用機器がサーボモータである．サーボモータには，電気式，油圧式がある．

　電気式サーボモータは，直流サーボモータ，交流サーボモータ（二相誘導サーボモータ）およびパルスモータ（ステッピングモータ）などがある．これらの電気式サーボモータは，もっぱら小出力用として使われている．

　一方，油圧式サーボモータは，油圧信号で制御される油圧式サーボモータ，電気・油圧式サーボモータがあり，もっぱら大出力用として使われている．

　サーボ機構における検出器には，変位や角度を電気信号に変換する電気抵抗変化形のポテンショメータ，インピーダンス変化形の差動トランス，光電変換形のフォトセル（フォトトランジスタなど），パルス変換形のエンコーダなどがある．また，機械的に変位などを検出するものとしては，歯車装置，カムおよびリンク機構などがある．

①位置　②追従　③定値　（答）

●7章●

問題1　（4）

問題2　（3）

索引 INDEX

ア 行

安定 ……………………………… 96
安定限界 ………………………… 96

行き過ぎ時間 …………………… 87
位相遅れ補償 …………………… 138
位相進み補償 …………………… 138
位相余裕 ………………………… 98
一次遅れ系 ……………………… 122
一巡伝達関数 …………………… 55
インディシャル応答 …………… 122

オン・オフ制御 ………………… 152

カ 行

外乱 ………………………… 10, 151
過制動 ……………………… 88, 125
過制動状態 ……………………… 189
加速度偏差定数 ………………… 136
カットオフ周波数 ……………… 78

帰還 ……………………………… 8
共振 ……………………………… 129

共振周波数 ……………………… 129
共振値 …………………………… 129

加え合わせ点 …………………… 53

ゲイン調整 ……………………… 138
ゲイン余裕 ……………………… 98
減衰振動 ………………………… 189
減衰率 …………………………… 90
現代制御 ………………………… 4

古典制御 ………………………… 4

サ 行

最大行き過ぎ量 ………………… 87
サーボ機構 ……………………… 153
シーケンス制御 ………………… 3, 5
持続振動 ………………………… 88
時定数 …………………………… 48
自動制御 ………………………… 3
遮断周波数 ……………………… 78
周波数応答 ……………………… 72
周波数伝達関数 ………………… 64

索引

ステップ応答 ················· 122

制　御 ····················· 2
制御系の形 ·················· 133
整定時間 ···················· 87
積分時間 ···················· 46
積分要素 ···················· 45
折点周波数 ·················· 79

速度偏差定数 ················ 135

タ行

帯域幅 ····················· 78
立ち上がり時間 ··············· 87
単位インパルス信号 ············ 84
単位階段関数 ················· 50
単位ステップ信号 ············· 84
単振動 ····················· 88

遅延時間 ···················· 87
直列補償法 ·················· 138

定常位置偏差 ················ 134
定常加速度偏差 ··············· 135
定常速度偏差 ················ 135
定常特性 ··················· 133
定常偏差 ··················· 134
伝達関数 ···················· 43

特性方程式 ·················· 101
特性根 ····················· 124

ナ行

ナイキスト線図 ··············· 105
二次遅れ要素 ················ 124
ネガティブフィードバック ······ 10, 56

ハ行

バイメタル ·················· 150
バンド幅 ················· 78, 128

微分時間 ···················· 47
微分要素 ···················· 46
比例感度 ···················· 44
比例帯 ····················· 45
比例要素 ···················· 44

不安定 ····················· 96
フィードバック ················ 8
フィードバック制御 ············ 3, 7
フィードバック接続 ············ 54
フィードバック補償法 ·········· 138
フィードフォワード制御 ········ 163
不足制動 ················· 88, 125

索引

ベクトル軌跡 ·················· 68
偏　差 ······················ 7, 97

ポジティブフィードバック ········· 56
補　償 ························ 138
ボード線図 ····················· 77

マ行

マイナーループ ················· 58
前向き伝達関数 ················· 55

メジャーループ ················· 59

ラ行

ラプラスの演算子 ················ 43

ランプ信号 ····················· 84

リセット率 ····················· 46

臨界制動 ············· 88, 125, 189

レートタイム ··················· 47

英字

NC ·························· 153

その他

∂ 関数 ······················· 84

193

〈監修者略歴〉

髙橋　寛（たかはし　ゆたか）
1959年　日本大学理工学部電気工学科卒業
1964年　日本大学理工学部に勤務
　　　　専任講師，助教授，教授を経て
　　　　2004年3月定年退職
現　在　日本大学名誉教授
　　　　工学博士

〈著者略歴〉

大島輝夫（おおしま　てるお）
1974年　東電学園高等部卒業
　　　　東京電力株式会社
現　在　大島技術士事務所代表

山崎靖夫（やまざき　やすお）
1984年　足利工業大学工学部電気工学科卒業
現　在　富士電機株式会社
　　　　技術開発本部 知的財産センター

- 本書の内容に関する質問は，オーム社ホームページの「サポート」から，「お問合せ」の「書籍に関するお問合せ」をご参照いただくか，または書状にてオーム社編集局宛にお願いします．お受けできる質問は本書で紹介した内容に限らせていただきます．なお，電話での質問にはお答えできませんので，あらかじめご了承ください．
- 万一，落丁・乱丁の場合は，送料当社負担でお取替えいたします．当社販売課宛にお送りください．
- 本書の一部の複写複製を希望される場合は，本書扉裏を参照してください．
  JCOPY ＜出版者著作権管理機構 委託出版物＞

絵ときでわかる　自動制御

2007年 2 月15日　第1版第1刷発行
2025年 1 月20日　第1版第14刷発行

著　　者　大島輝夫
　　　　　山崎靖夫
発 行 者　村上和夫
発 行 所　株式会社 オーム社
　　　　　郵便番号　101-8460
　　　　　東京都千代田区神田錦町3-1
　　　　　電話　03(3233)0641(代表)
　　　　　URL　https://www.ohmsha.co.jp/

© 大島輝夫・山崎靖夫 2007

印刷・製本　壮光舎印刷
ISBN978-4-274-20369-5　Printed in Japan